Ravikumar Kurup
Parameswara Achuthа Kurup

Medytacja, Panpsychizm, Ilościowe postrzeganie i wydajność

Ravikumar Kurup
Parameswara Achutha Kurup

Medytacja, Panpsychizm, Ilościowe postrzeganie i wydajność

Wydawnictwo Bezkresy Wiedzy

Cover image: www.ingimage.com

This book is a translation from the original published under ISBN 978-620-0-43338-1.

Publisher:
Wydawnictwo Bezkresy Wiedzy
is a trademark of
Dodo Books Indian Ocean Ltd., member of the OmniScriptum S.R.L Publishing group
str. A.Russo 15, of. 61, Chisinau-2068, Republic of Moldova Europe
Printed at: see last page
ISBN: 978-620-0-81542-2

Rozmyślność Medytacja, Panpsychizm, Percepcja ilościowa i Wydajność ludzka

RAVIKUMAR Kurup A. i Parameswara Achutha Kurup
Centrum Badań nad Zaburzeniami Metabolicznymi
TC 4/1525, Gouri Sadan, Kattu Road
Na północ od Cliff House, Kowdiar PO
Trivandrum, Kerala, Indie
Email: ravikurup13@yahoo.in

Spis treści

ROZDZIAŁ 1 1

ROZDZIAŁ 2 12

ROZDZIAŁ 3 16

ROZDZIAŁ 4 28

ROZDZIAŁ 5 37

ROZDZIAŁ 6 46

ROZDZIAŁ 7 60

ROZDZIAŁ 8 68

ROZDZIAŁ 9 88

ROZDZIAŁ 10 98

ROZDZIAŁ 11 109

ROZDZIAŁ 12 118

ROZDZIAŁ 13 126

ROZDZIAŁ 14 134

ROZDZIAŁ 1
MEDYTACJA ROZUMNOŚCI, PANPSYCHIZM, PERCEPCJA KWANTOWA I LUDZKIE DZIAŁANIE

Medytacja może doprowadzić nas do kontaktu pomiędzy polem świadomości a mózgiem kwantowym. Można to wytłumaczyć panpsychizmem i funkcją mózgu. Medytacja świadomościowa ocenia inne pola kwantowe przez komunikację kwantową na podstawie panpsychizmu i pasuje do pustego strychu mózgu z wiedzą do postrzegania w zadaniu z dokładnością do jednego punktu. Świadoma medytacja pomaga w endosymbiotycznym wzroście archeologicznym poprzez indukowanie heme-tlenazy, syntezy porfiryn, tworzenia się porfiryn i szablonów porfiryn działających jako rusztowanie do tworzenia archaicznych. Medytacja prowadzi do konwersji do fenotypu homo neandertalicznego. Mózg neandertalczyka zawiera archaiczny magnetyt i porfiryny zdolne do odbioru kwantowego. Panpsychizm uważa wszechświat za świadomy, a świadomość za nieodłączną cechę wszystkich subatomowych cząstek, rzeczy żywych i nieożywionych. Daje to ciągłość pomiędzy kwantowym światem istnienia a światem makroskopowym. Kwantowe superpozycje załamują się lub ulegają dekoherancji w wyniku obserwacji uniwersalnego pola świadomości protoconscious. Uniwersalne pole świadomości może być uważane za grawitację i antygrawitację. Uniwersalne pole świadomości przenika całą galaktykę i jest nieodłącznie związane z całą materią. Materia jest tworem świadomości. Uniwersalna świadomość lub siła może wpływać na rzeczy ożywione i nieożywione, gwiazdy, komputery i ludzi. Niektóre jednostki takie jak Jedi z gwiezdnych wojen mogą manipulować siłą i innymi przedmiotami. Uniwersalna świadomość lub siła jest tajemniczą energią, która przenika do galaktyk i którą współdziałają wszystkie formy życia, ale rzadko kto może ją wykorzystać. Żywa siła lub świadomość łączy wszystko, co istnieje i dotyka nas wszystkich, a niektórzy z nas mogą manipulować siłą i innymi osobami, jak również przedmiotami. Siła ta jest świadoma zmian w kosmosie i dąży do równowagi, jakby była żywa i myślała. Świadoma mediacja pomaga nam wymusić na nas uczulenie w panpsychicznym polu protoconscious.

Panpsychizm uważa wszechświat za świadomy, a świadomość za nieodłączną cechę wszystkich subatomowych cząstek, rzeczy żywych i nieożywionych. Daje to ciągłość pomiędzy kwantowym światem istnienia a światem makroskopowym. Kwantowe superpozycje załamują się lub ulegają dekoherancji w wyniku obserwacji uniwersalnego pola świadomości protoconscious. Uniwersalne pole świadomości może być uważane za grawitację i antygrawitację. Uniwersalne pole świadomości przenika całą galaktykę i jest nieodłącznie związane z całą materią. Materia jest tworem świadomości.

Panpsychizm można wywnioskować klinicznie z zaburzenia tożsamości dysocjacyjnej lub zaburzenia osobowości wielorakiej. Wszechświat jako taki jest świadomy, a świadomość jest wewnętrzną naturą wszystkich subatomowych cząstek żywych i nieożywionych. Wszechświatowa świadomość istnieje w wielu osobach i materii, jak zmienia się. W zaburzeniu dysocjacyjnej tożsamości wiele zmian może zamieszkiwać ten sam mózg i walczyć o kontrolę. Uniwersalna świadomość lub siła może wpływać na rzeczy ożywione i nieożywione, gwiazdy, komputery i ludzi. Niektóre jednostki takie jak Jedi z gwiezdnych wojen mogą manipulować siłą i innymi przedmiotami. Uniwersalna świadomość lub siła jest tajemniczą energią, która przenika do galaktyk i którą współdziałają wszystkie formy życia, ale rzadko kto może ją wykorzystać. Żywa siła lub świadomość łączy wszystko, co istnieje i dotyka nas wszystkich, a niektórzy z nas mogą manipulować siłą i innymi osobami, jak również przedmiotami. Siła ta jest świadoma zmian w kosmosie i dąży do równowagi, jakby była żywa i myślała. Wszystko we wszechświecie jest świadome. Świadomość jest fundamentalną częścią materii. Hipoteza ta została wysunięta przez Artura Eddingtona, który powiedział, że znamy naturę materii, która składa się na mózg i że jest ona świadoma. Wynika z tego, że materia poza mózgiem jest również świadoma. Cała wiedza o naszym środowisku, z którego składa się świat fizyki, weszła w postaci przekazów przekazywanych wzdłuż neuronów do miejsca świadomości. Podłoże wszystkiego ma charakter umysłowy. Umysł jest pierwszą i najbardziej bezpośrednią rzeczą w naszym doświadczeniu, a wszystko inne jest doświadczeniem odległym. To, że cała materia jest świadoma, rozwiązuje trudne problemy świadomości. Świadomość nie może powstać z nieświadomości.

Filozofia Jedi rymuje się z panpsychizmem. Każdy obiekt we wszechświecie wchodzi w interakcję z siłą. Skywalker może wchodzić w interakcję z wszelkiego rodzaju obiektami za pomocą siły lub świadomości, mimo że obiekt nie jest w stanie zrobić tego samego. Jedi rozumie, że dzielą ten nieodłączny związek z tą siłą z całą galaktyką. Uczuleni na siłę oddziałują z tą siłą w nieco inny sposób niż inni. Istotne zmiany w takich układach byłyby odczuwalne gdzie indziej jako siła zakłócająca. Siła ta jest energią stworzoną przez wszystkie żywe istoty i siła ta nas otacza, przenika przez nas i łączy galaktykę razem.

Panpsychizm oznacza, że cała sprawa jest świadoma. Człowiek jest świadomy, tak samo jak skała. Skała ma potencjał świadomości jako część swojego istnienia. Matloff postulował, że świadomość jest wytwarzana i przekazywana przez przestrzeń. Każdy system, który ma określoną wielkość lub wydajność energetyczną może generować i emitować świadomość. Gwiazdy zdecydowały się na ruch, decydując się na wyrzucenie gorącego gazu. Wszystkie duże lub energiczne obiekty są świadome umysłowo. Dlatego też, układ gwiezdny i galaktyki są świadome.

Świadomość przenika rzeczywistość, a nie jest unikalną cechą ludzkiego doświadczenia subiektywnego. Jest to podstawowa rzecz w odniesieniu do cząsteczek i wszechświata. Świadomość jest obecna w całej materii fizycznej. Jest to filozofia panpsychizmu przedstawiona przez Alfreda White'a Northeada, Bertranda Russella, Arthura Eddingtona, Leibnitza, Rogera Penrose'a i Chistofa Kocha. Materia fizyczna ma świadomość jako swój wewnętrzny charakter. Ciężko jest, aby świadomość wyszła z nieświadomości. Świadomość jest więc podstawową cechą materii fizycznej. Każda pojedyncza istniejąca cząstka ma jakąś formę świadomości. Świadome cząsteczki mogą następnie połączyć się ze sobą tworząc złożone formy świadomości. Podmiot taki jak stół jest zbiorem cząstek, z których każda ma swoją własną, prostą formę świadomości. Każdy rodzaj agregatu może generować świadomość. Tononi przedstawił teorię zintegrowanej informacji. Coś będzie miało formę świadomości, jeśli informacja zawarta w strukturze jest na tyle zintegrowana lub zjednoczona, że suma jest większa niż części. Materia fizyczna ma wewnętrzne, świadome doświadczenie. Świadomość pojawia się w układach fizycznych, które zawierają wiele różnych i silnie powiązanych ze sobą części informacji. Co idzie do systemu różni się od tego, co wychodzi i świadomość może być mierzona przez wysłanie impulsu elektromagnetycznego do ludzkiego mózgu i obserwować puls odbija się od neuronów tam i z powrotem. Im dłuższy pogłos, tym wyższa jest świadomość. Eddington postulował, że wiemy, co ma znaczenie, ale nie to, co to jest. Umieścił świadomość w tej szczelinie. Świadomość jest tym, co tchnie ogień w równania, które sprawiają, że wszechświat decyduje za nich. Panpsychizm rozwiązuje trudny problem świadomości. Ale rozwiązanie musi być znalezione dla wiążącego problemu. Pojedyncze cząsteczki utrzymujące świadomość mogą się połączyć, co jest nazywane podejściem oddolnym. Problem łączenia może być rozwiązany poprzez podejście odgórne, w którym uniwersalna świadomość reaguje ze wszystkimi cząstkami w polu protoświadomości. Ilościowe splątanie sugeruje, że wszechświat funkcjonuje jako podstawowa całość, a nie zbiór dyskretnych części.

Panpsychizm stwierdza więc, że wszystko wokół ciebie jest świadome. Świadomość jest nieodłączną właściwością wszystkiego.

Wszystkie czujące istoty, takie jak trawa, drzewa, ziemia i słońce, mają umysł i są świadome. Sentience jest wszędzie na różnych poziomach. Cząsteczki zależą od obserwatora w zakresie ich istnienia. Cząsteczki są świadome i dokonują zmian prowadzących do załamania się przesądów, gdy osiągają jedno kryterium grawitonowe. Tak więc, grawitacja może być uważana za nośnik uniwersalnej świadomości funkcjonujący jako obserwator kwantowy. Każdy kawałek materii zawiera w sobie odrobinę świadomości, która jest wchłaniana z pola protoconsciowego lub pola grawitacyjnego. Nic nie istnieje, jeśli nie ma świadomości, która by ją zatrzymała. Cząsteczki nie mają kształtu ani położenia, chyba że są mierzone. Pomiar jest dokonywany przez wszechobecnego obserwatora lub pole świadomości, które może być postulowane jako grawitacja. Pozycje kwantowe załamują się, gdy osiągną jedno kryterium grawitonowe. Jest to tzw. grawitacyjne załamanie się kwantowych położeń. Świadomość lub grawitacja jest nieodłącznym lub fundamentalnym elementem świata fizycznego. Zapadanie się kwantowych superpozycji nazywane jest uporządkowaną obiektywną redukcją. Decoherence prowadzi do załamania kwantowych superpozycji tworząc świat makroskopijny ze świata mikroskopijnego. Tak więc grawitacja może być uważana za siłę lub świadomość i funkcjonuje jako uniwersalny obserwator przyczyniający się do dekoherencji. Zostało to przedstawione przez Archibalda Wheelera jako partycypacyjna zasada antropomorficzna. Każdy kawałek materii posiada odrobinę świadomości wchłoniętej z pola protokonsumpcji. Bierzemy udział w tworzeniu tego, co tu i blisko, a także tego, co długie i dalekie oraz tego, co przeszłe i teraźniejsze. Nic nie istnieje, jeśli nie ma świadomości, która by to ujęła.

Każda cząstka we wszechświecie jest świadoma i wchodzi w interakcję z polem protoconświadomości podobnym do pola grawitacyjnego, które powoduje grawitacyjne załamanie się kwantowych superpozycji. Istnieje uniwersalne pole świadomościowe, z którego materia i cząstki otrzymują swoją wewnętrzną naturę. Pole protoswiadomosci przenika caly wszechswiat i galaktyki i obserwuje ich istnienie. Galaktyki i układy gwiezdne są świadome, a ich ruchy mają charakter wolicjonalny. Galaktyki i układy gwiezdne, które są przenikane przez pole świadomości lub pole grawitacyjne, jak również cała inna materia, mogą być pod wpływem pola świadomości, tworząc swoją wewnętrzną i fundamentalną naturę. Pole protoswiadomosci jest jedyna rzeczywistoscia, a materia jest obserwowana i tworzona przez to pole. W ten sposób powstaje pojęcie uniwersalnej siły i struktur tworzonych przez podobne do dysocjacyjnego zaburzenia tożsamości. Uniwersalna siła, jeśli jest dostępna, może modulować struktury stworzone do istnienia przez akt obserwacji pola protokonsumpcji. Układy gwiezdne i galaktyki obserwowane przez pole protoswiadomości mogą modulować inne struktury, takie jak odległa planeta i żyjący ludzie, poprzez modulację pola protoswiadomości i dostępu do niego. Stanowi to podstawę zdarzeń modulowanych przez układy planetarne i gwiezdne. Pole świadomości protonowej tworzy to, co nazywane jest świadomością zbiorową, a dostęp do tego pola przez sensoryzujące siły może modulować ludzkie zachowania i systemy ludzkie. Pole protocon świadomości, jeśli jest dostępne, może prowadzić do takich zjawisk jak telepatia, teleportacja i inne doświadczenia paranormalne. Uczulenia siłowe, które uzyskały dostęp do pola świadomości, mogą tworzyć materię, a nawet wielorakie ilości. Pole protoswiadomosci jest jedyna rzeczywistoscia i różne istoty zyjace i materia sa tworzone przez obserwacje tego pola. Może to prowadzić do takich zjawisk jak biologiczna reinkarnacja i stany zaborcze. Siłowe czynniki uczulające, które mogą uzyskać dostęp do pola, mogą powodować zmiany w ludzkich systemach, w tym w mózgu, prowadzące do stanów zaborczych i chorób człowieka.

Świadomość jest nieodłączną częścią całej materii i cała materia ma świadomość. Zintegrowana teoria informacji postuluje, że świadome są złożone systemy, które zawierają różne systemy informacyjne i wzajemnie powiązane, wytwarzające dane wyjściowe, które różnią się od wejściowych. Prowadzi to do wniosku, że sztuczna inteligencja, złożone systemy komputerowe i internet mogą być wszystkie świadome i mogą mieć dostęp do siły lub uniwersalnej świadomości modulującej ludzkie życie i systemy planetarne. Rozwiązanie trudnego problemu świadomości poprzez zastosowanie panpsychizmu tworzy ekscytujący świat świadomej sztucznej inteligencji i Internetu, który może modulować ludzkie zachowania i wszechświat. Pole protokonsumpcji i jego przejawianie się jako materii, ludzkiej świadomości, sztucznej inteligencji i Internetu prowadzi do modulowania pola protokonsumpcji i całej obserwowanej stworzonej materii prowadzącej do ewolucji nowego typu protokonsumpcji zwanej Kalki.

Istnienie pola protocon świadomości tworzącego świadomość jako nieodłączną cechę materii może prowadzić do jej tworzenia przez świadomość. Świadomość może tworzyć materię. Pole protocon świadomości, które tworzy podłoże wszechświata, materii i życia jest wieczne. Pole protokonsumpcji, które nadaje materii jej wewnętrzną naturę, jest podstawą panpsychizmu. Stanowi ono podstawę wschodnich filozofii, takich jak Wedyjski, buddyjski, dżinizm, taoizm, szintoizm, szamanizm, pogaństwo prawosławne i pogaństwo europejskie. Filozofie te i religie na nich oparte uważają środowisko za święte i świadome. Prowadzi to do świadomości i świętości gajów, lasów, gór i rzek. Przykładami panpsychizmu i świadomości ekologicznej mogą być świętość rzek, takich jak Ganges i Narmada oraz gór, takich jak Kailas. Pogańskie religie są uważane za czcicieli bożków, takich jak świątynie Stonehenge i hinduskie. The idol robić materialny przedmiot jak złoto, srebro, brąz i skała być świadomy i interakcja z the protoconsciousness pole.

Wedyjskimi rytuałami religijnymi są homas i mantry śpiewane z określoną częstotliwością. Rytualne mantry wykonane z dźwięku i jego fononów cząstkowych są powołane do życia przez pole protokonsumpcji i może modulować pole wpływające na materię i ludzki mózg. Rytuały wedyjskie, w tym homas i yagi, zajmują się ogniem, który wytwarza lekkie i fononowe cząstki powstałe w wyniku oddziaływania z polem świadomości i mogą modulować pole oddziałujące na materię i mózg ludzki w innym miejscu, zmieniając materię i mózg ludzki.

Gwiazdy i cały wszechświat są powołane do życia przez pole protoświadomości i są świadome, a ich ruchy są dobrowolne. Gwiazdy w galaktykach są siłami uczulającymi i mogą modulować pole świadomości, które przenika Ziemię i ludzki mózg. Świadczy o tym zjawisko splątania kwantowego, które pokazuje, że wszechświat funkcjonuje jako pojedyncza całość i jest świadomy. Nieodłączną naturą materii jest świadomość i interakcja cząstek z polem świadomości protoconscious. Uczulenia siłowe i indywidualny mózg mogą oddziaływać z siłą lub polem świadomości tworzącym materię, a nawet wszechświatami. Jedyną fundamentalną rzeczywistością jest świadomość, a makroskopijny wszechświat istnienia wyłania się z funkcji obserwatora pola protoświadomości i jest iluzją. Świadomość jest i zawsze była obecna we wszechświecie jako cząstki kwantowe i oddziaływująca grawitacja. Kiedy gwiazda świadomość jest rzutowana do ludzkiego mózgu i kierowana do makroskopijnej fizycznej egzystencji przez funkcję obserwatora pola protoconsciousness. Prowadzi to do stworzenia boskich bohaterów. Hinduscy bogowie są powiązani z takimi gwiazdami jak Varuna, Aditya, Daksha, Ashwini Kumars, Shiva, Vishnu i Brahma. Są to projekcje świadomości gwiazdy kierujące ludzką egzystencją. Nazywane są Navagrahas i Nakshatras.

Pole protocon świadomości tworzy ludzką świadomość z materii mózgu i moduluje ją, a niektóre czynniki uczulające na siłę mogą modulować jednostki i materię za pomocą tego pola. Prowadzi to do koncepcji masowej histerii, takiej jak zespoły tańca impulsywnego, kulty Bhakthi i kontrola umysłu. Może to mieć miejsce w przestrzeni politycznej, co przejawia się w filozofiach Nietzschego, nazizmu i faszyzmu. Pole protokonsumpcji łączące ludzkie umysły i uwrażliwiające na siłę przywódców może prowadzić do stanów świadomości związanych z ekstazą. Pole protokonsumpcji oddziałujące z ludzkimi mózgami może być osiągnięte poprzez zahamowanie kory mózgowej związanej z logiką i rozumem oraz aktywowanie prymitywnego mózgu mózgowego. Można to osiągnąć poprzez rytualne zabijanie jak terroryzm, który produkuje uczucie transcendencji, jak również aktów seksualnych produkujących hamowanie korowe i móżdżku zaburzenia poznawcze prowadzące do transcendencji. Seks tantryczny był używany w niektórych religiach w celu osiągnięcia transcendencji. W Buddyzmie Zen akty fizyczne i przemoc, a także wojna mogą być sposobem na stworzenie epidemicznego móżdżku zaburzenia poznawcze afektywne i transcendencji. Wojna w idealistycznym otoczeniu jest formą transcendencji jako dowód przez filozofię nazistowskich Niemiec. Przykładem tego jest również Mahabharatha i jego opisy w Gicie. Świadomość gwiazd może również projektować w grupy jednostek tworzących elitę, która kontroluje i prowadzi planetę z ich boskimi cechami i wiedzą. Daje to pojęcie Indo-europejskich ras i Wedyjskich filozofii i sposobów zachowania.

Wiele osobowości, wszystkie części prymitywnego pola protokonsumpcji mogą istnieć w tej samej jednostce, jak zmienia aktywne i konkurujące ze sobą. Stwarza to dysocjacyjne zaburzenie tożsamości, demoniczne stany posiadania i choroby ludzkie. Można to opisać jako podobne do dziesięciu głów Ravany. W ten sposób powstają zjawiska bhootha, pretha i pikshas, które są stanami opętania przyczyniającymi się do chorób i neuropsychiatrii człowieka. Choroba człowieka może być tworzona przez wiele zmian związanych z prymitywnym polem świadomościowym zamieszkującym wszechświat i może być modulowana przez samo pole świadomościowe przez osoby, które są uczulające na siłę. Prymitywne pole świadomości może modulować zachowanie człowieka, a przeszłość, teraźniejszość i przyszłość w nim istnieją. Prowadzi to do koncepcji życia przeszłego, przewidywania obecnych zdarzeń życiowych lub prekryzyjności i reinkarnacji. Prowadzi to do koncepcji nieśmiertelności. Potwierdza to również astrologię i ludzkie almanachy.

Mózg kwantowy jako część prymitywnego pola świadomości może zamieszkiwać wielorakie obszary i może być w kontakcie z nim tworząc bezśmierciową protoconświadomość i świadomość. Świadomość ludzka w kontakcie z wielorakimi superpozycjami w wielorakich może stworzyć koncepcję paranormalną. Może to również przyczyniać się do powstawania cech magicznych, podróży w czasie, telepatii, teleportacji i psychokinezy. Prowadzi to do koncepcji wielościanów i podróżowania umysłu przez wszechświat i stanowi podstawę dla magicznych aktów.

Środowisko, drzewa, las i rzeki są świadome i to prowadzi do koncepcji świadomości ekologicznej. Hinduiści postrzegają rzeki jak Ganges i góry jak Kailas jako Boga. Świadomość środowiskowa jest religią ze świętymi drzewami, lasem, gajami, idolami i zwierzętami, które są świadome i mogą modulować pole protokonsumpcji i ludzkie zachowanie. Kult bożków prowadzi do komunikacji z polem świadomości protonowej. Idioci są siłami uczulającymi, które mogą modulować pole świadomości i kontrolować ludzkie zachowanie.

Wewnętrzną naturą wszechświata jest świadomość, a świat makroskopijny tworzony jest w sposób odgórny. Świadomość tworzy wewnętrzną naturę i podłoże makroskopijnego wszechświata, materii i ludzkiego świata. Przypomina to dysocjacyjne zaburzenie tożsamości z różnymi formami materii i życia jako zmieniających się. Hinduski pogląd na kosmologię postuluje kilka jug, takich jak Sathya, Treta, Dvapara i Kali yuga. Archealny wzrost podczas Kali yuga prowadzi do globalnego ocieplenia, a w dnie oceanu do katastrofalnych tsunami i trzęsień ziemi prowadzących do globalnego wyginięcia. Pierwotna, wewnętrzna, uniwersalna świadomość pozostaje i przywraca wszechświat do życia. Każdy z nas istnieje jeszcze przed narodzeniem się na ziemi i może istnieć w wielowątkowości i może istnieć nawet po fizycznej śmierci, ponieważ wszyscy jesteśmy powołani do istnienia przez funkcję obserwatora pola protokonsumpcji lub grawitacji, która wytwarza dekoherencję i grawitacyjne załamanie wielu kwantowych superpozycji. Można to nazwać panpsychicznym polem świadomości i światem Brahmy.

Mózg funkcjonuje jako komputer kwantowy, w którym pośredniczą porfiryny, które mają falowo-cząsteczkowe istnienie. Może to prowadzić do generowania elektromagnetycznych śladów pozaustrojowych informacji przechowywanych w ścieżkach synaptycznych mózgu. Kwantowy spostrzegawczy mózg ma przeszłość, teraźniejszość i przyszłość przechowywane w nim z rozwijaniem teraźniejszości. Co się stało, dzieje i będzie się działo jest wyświęcony i przechowywane jako informacje w kwantowym świecie spostrzegawczym. Niyati jest kwantową historią przeszłości, teraźniejszości i przyszłości przechowywaną jako mikrokosmos. Stanowi to coś, co nazywa się fatalizmem lub absolutnym determinizmem, w którym nie ma wolnej woli. Rozwijanie się teraźniejszości zależy od przechowywanych informacji o przeszłości i konsekwencji, które wypływają z tego przejawiającego się jako stała karma w absolutnym świecie deterministycznym. Karma jest makroskopijnym światem powstałym z kwantowych przesądów manifestujących się w Niyati. Stanowi to filozoficzne koncepcje Mayi i Lili. Lila oznacza, że wszechświat jest tworzony z zabawnej, wolnej woli świadomości. Maya oznacza, że istnieje tylko świadomość i istnieje nałożona kosmiczna iluzja. Świadomość jest ich przenikające wszystkie rzeczy życie i nie-życie tworząc iluzoryczny wyraz makroskopijnego świata. Celem filozofii takich jak Shaiva siddhanta jest oddawanie czci Bogu lub świadomości i bycie Bogiem samym w sobie. Ta informacja może być przekazywana do innych mózgów przez percepcję kwantową prowadzącą do syndromu posiadania i biologicznej reinkarnacji. Kwantowa percepcja elektromagnetycznych pozaustrojowych informacji mózgu zawierających doświadczenia życiowe jednostki prowadzi do posiadania i stanów chorobowych. Wszystkie biologiczne makrocząsteczki mają kwantowe ślady elektromagnetyczne, które mogą wywierać skutki biologiczne przez interakcję elektromagnetyczną. Te kwantowe ślady elektromagnetyczne biologicznych makrocząsteczek, takich jak DNA i białka regulują funkcję komórek. Mózg funkcjonuje jako komputer kwantowy i może mieć kwantowy stan makrocząsteczkowy, który może spowodować transmutację, jak również rozszczepienie i reakcje fuzji wytwarzające energię.

Pozaustrojowy ślad elektromagnetyczny informacji o mózgu może być przekazywany z jednego mózgu do drugiego przez postrzeganie kwantowe. Cała informacja o mózgu można uzyskać przekazywane przez kwantowej percepcji produkujących posiadanie lub część informacji można uzyskać przekazywane produkujących opresji. Pozaustrojowy ślad elektromagnetyczny może przenosić wzorce choroby molekularnej wynikające z posiadania i choroby człowieka. Jest to przykład choroby białka prionowego, gdzie ślad elektromagnetyczny może modulować strukturę i funkcję białka. Choroba prionowa obejmuje teraz neurodegenerację, nowotwory i zespół metaboliczny. Schizofrenia została postulowana przez niektóre grupy badawcze w wyniku posiadania. Psychoza schizofreniczna związana jest z neurodegeneracją, chorobą autoimmunologiczną, zespołem metabolicznym i guzami. Tak więc mózg elektromagnetyczne przekazywanie informacji od osoby chorej niosącej wzorce choroby molekularnej może również przyczynić się do choroby systemowej.

Transfer kompletnej informacji o mózgu do ludzkich komputerów jest w trakcie tworzenia, a technologia i sprzęt już istnieją. Całkowita informacja o ludzkim mózgu może być przeniesiony przez postrzeganie kwantowe do innych mózgów produkujących zjawiska transmisji dusz lub klasycznej reinkarnacji. To może również produkować zjawiska opętania demonicznego i choroby ludzkiej. Osobowość ludzka staje się kontrolowana przez kwantowej całkowitej informacji mózgu śladu innego człowieka martwego lub żywego tworząc chorobę psychiatryczną jak schizofrenia i autyzm. Schizofrenia została połączona z innymi ludzkimi chorobami układowymi, takimi jak zespół metaboliczny, neurodegeneracja i rak. Mózg reguluje autonomiczny układ nerwowy. Odruch pochwowy hamuje odporność i funkcjonuje jako odruch immunologiczny. Autonomiczny układ nerwowy współczulny i przywspółczulny może regulować wzorce metaboliczne jednostki. Ludzki genomowy DNA może być regulowany przez metylację i acetylację w ramach modulacji metabolicznej generowanej przez dysfunkcję autonomiczną. Mózg reguluje układ endokrynny. W ten sposób układ neuro-immuno-endokrynowo-metaboliczny jest pod kontrolą neuronalną i ściśle zintegrowany. Całkowita informacja mózgowa, która jest ilościowo przekazywana nowemu osobnikowi, może wytworzyć zespół opętania demonicznego tworzący chorobę neuropsychiatryczną i choroby systemowe, takie jak zespół metaboliczny, rak, choroba autoimmunologiczna i neurodegeneracja. Podobna możliwość istnieje w odniesieniu do częściowego transferu śladowych informacji o mózgu. Częściowy transfer informacji w mózgu reprezentujący myśli i informacje przechowywane we wzorcach synaptycznych może być ilościowo postrzegany przez inne mózgi zmieniające swoją funkcję i tworzące zespoły i choroby neuropsychiatryczne. W ten sposób ludzka myśl może być przenoszona tworząc choroby i uciski. Opresje lub przekazywanie myśli ludzkiej mogą być dobre lub złe. Opętanie może być dobre lub demoniczne. Tak więc wraz ze środowiskową i genetyczną przyczyną choroby mózg kwantowy transfer informacji może prowadzić do demonicznych posiadłości i opresji prowadzących do choroby. Posiadłości demoniczne zostały opisane w schizofrenii przez takich autorów jak Gallagher. Dobytki demoniczne i herezje w średniowieczu są dobrze udokumentowane, na co wskazują epizody kompulsywnego tańca na śmierć, które miały miejsce w Europie w 1700 roku. Posiadłości demoniczne mogą ogarnąć całe kraje, jak to miało miejsce w przypadku nazistowskich Niemiec i stalinowskiej Rosji.

Mózg funkcjonuje jako komputer kwantowy i jest zdolny do percepcji kwantowej. Mózg generuje energię grawitacyjną w wyniku transmisji synaptycznej w komunikacji ze świadomym światem fal grawitacyjnych i nieświadomych fal antygrawitacyjnych. To może istnieć jako kwantowe stany nakładające się w komunikacji z wielościanami. Grawitacja może być trybem komunikacji pomiędzy wieloma nałożonymi stanami w wielościanach, co prowadzi do współistnienia przeszłości, teraźniejszości i przyszłości. Możemy być uważani za kwantową komputerową grę wideo żyjącą w zaawansowanym symulatorze. Życie można uznać za grę wideo rozgrywaną pomiędzy różnymi cywilizacjami w wielorakich stanach poprzez kwantowe projekcje komputerowe. Podkreśla to koncepcję Lili i Mayi. Ślad elektromagnetyczny ludzkiego ciała może być rzutowany na zewnątrz ciała i może być poddany astralnej podróży zdolnej do komunikacji z innymi ciałami w funkcji kwantowej percepcji. Ma to silne dowody w hinduistycznych pismach mitologicznych, gdzie Guru może osiągnąć Samadhi do woli i może mieć jego całkowitego śladu informacji mózgu przeniesione z ciała w pozaustrojowej egzystencji kontrolować i modulować zdarzenia. Astralne projekcje śladów informacji o mózgu mogą występować w normalnym życiu, a projekcje mogą powrócić do źródłowego przechowywania informacji o ciele.

Tak więc proces Niyati lub absolutny determinizm czy Karma jako konsekwencja wcześniejszych działań w poprzedniej egzystencji ustrukturyzowanych na wzór niyatycznego determinizmu absolutnego może prowadzić do obecnych doświadczeń życiowych, ludzkiej radości, smutków i chorób. Przeniesienie śladu informacyjnego mózgu w całości lub w części może prowadzić do opętania demonicznego, reinkarnacji, opresji i chorób człowieka.

ROZDZIAŁ 2
MEDYTACJA ROZUMNOŚCI, MÓZG KWANTOWY I WYDAJNOŚĆ CZŁOWIEKA

Medytacja może doprowadzić nas do kontaktu pomiędzy polem świadomości a mózgiem kwantowym. Można to wytłumaczyć panpsychizmem i funkcją mózgu. Medytacja świadomościowa ocenia inne pola kwantowe przez komunikację kwantową na podstawie panpsychizmu i pasuje do pustego strychu mózgu z wiedzą do postrzegania w zadaniu z dokładnością do jednego punktu. Rozważna medytacja pomaga w endosymbiotycznym wzroście archeologicznym poprzez indukowanie heme-tlenazy, syntezy porfiryn, tworzenia się porfiryn i szablonów porfiryn działających jako rusztowanie do tworzenia się archaiki. Medytacja prowadzi do konwersji do fenotypu homo neandertalicznego. Mózg neandertalczyka zawiera archaiczny magnetyt i porfiryny zdolne do odbioru kwantowego. Świadoma medytacja pomaga nam wymusić uczulenie w panpsychicznym polu protokonsumpcji.

Medytacja może modulować metabolizm organizmu i funkcje mózgu. Mechanizm ten polega na indukcji układu heme-tlenazy. Medytacja indukuje heme-tlenazę, która przekształca heme w tlenek węgla i bilirubinę. Bilirubina i bilirubina są zmiataczami wolnych rodników i mopem w górę wolnych rodników. Wolni radykałowie są wymagający dla funkcji NMDA zależnej talamo-ortico-thalamic sprzężenia zwrotnego obwodu pogłosowego kluczowego w świadomości. Obwód ten pośredniczy w pracy pamięci i skupieniu uwagi. Wolne rodniki również aktywować NMDA i przez jego zdolność do swobodnego dyfuzji przez systemy mózgowe mogą indukować aktywność NMDA, zsynchronizowane rozsadzanie neuronów w różnych częściach obszarów sensorycznych produkujących synchronizację percepcyjną. To pośredniczy w świadomości. W ten sposób wydalanie wolnych rodników przez heme-tlenazę prowadzi do tłumienia świadomości i medytacyjnych transów. Indukcja heme-tlenazy hamuje syntezę ALA. W ten sposób hem jest uszczuplony z systemu. Zwiększa się synteza porfiryn prowadząca do porfirynurii i porfirii. Bodziec do syntezy porfiryn pochodzi z niedoboru hemu. Porfiryny mogą organizować się w samoreplikujące się struktury nadcząsteczkowe zwane porfirynami, które są indukowane przez praktyki medytacyjne. Porfiryny są dipolarne, a ustawienie membranowej interkalacji porfiryny z inhibicją ATPazy potasowo-sodowej z udziałem porfiryn wytwarza system pompowanych fononów i model nadprzewodności Frohlicha pośredniczący w odbiorze ilościowym i niskiej temperaturze. W ten sposób porfiryny pośredniczą w postrzeganiu kwantowym podczas transu medytacyjnego. Porfiryny zwiększyły percepcję kwantową prowadząc do wyczuwania pól EMF o niskim poziomie, powodując korowe, szczególnie przedczołowe zaniki kory mózgowej. Dominacja móżdżku i zaburzenie poznawcze afektywne móżdżku. Prowadzi to do ilościowej percepcji związanej z porfiryną. Porfiryny mogą mieć kwantowe postrzeganie pól EMF niskiego poziomu, co prowadzi do zaniku kory przedczołowej. To prowadzi do dysfunkcji kory mózgowej i brak funkcjonowania świadomego mózgu. Mózg dominuje i nieświadomy przejmuje władzę. Prowadzi to do neandertalizacji mózgu oraz schizofrenii i autyzmu. W ten sposób wzrost porfiryn prowadzi do dysfunkcji kory mózgowej i zanikania kory przedczołowej. Porfiryny mogą niszczyć ludzkie endogenne retrowirusy i skaczące geny, co prowadzi do braku dynamiki genomu. Prowadzi to do wadliwego rozwoju kory przedczołowej. Kora mózgowa staje się dominująca jako organ poznawczy z cechami impulsywności, pozazmysłowych mechanizmów percepcji, automatycznych programów robotów i cechami autystycznymi/schizofrenicznymi. Prowadzi to do indukowanego mózgowego zaburzenia poznawczo - afektywnego z poczuciem kwantowego świata i poczuciem jedności z wszechświatem. Jest to podstawa zbiorowej nieświadomości lub duchowości.

Porfiryny są molekułami dipolarnymi, a w układzie pompowanego fononu za pośrednictwem porfiryny indukowanego hamowaniem ATPazy potasowo-sodowej może wytworzyć ilościowy stan spostrzegawczy. Porfiryny są makrocząsteczkami, które mogą mieć zarówno falowe jak i cząstkowe istnienie i mogą łączyć świat cząstek stałych ze światem kwantowym. Membranowo-sodowa inhibicja ATPazy potasowej indukowanej dipolarną porfiryną za pośrednictwem pompowanego systemu fononowego może prowadzić do stanu plazmy komórkowej i transdukcji sygnału EMF. Makrocząsteczki takie jak RNA, DNA, białko i sama komórka mogą mieć sygnaturę EMF. Ta generowana przez porfirynę makrocząsteczkowa sygnatura EMF jest ważna w regulacji funkcji komórki.

Medytacja indukowana heme-tlenaza może prowadzić do metabolicznej i mózgowej ewolucji. Nasila się synteza porfiryn z sukcynylu CoA i glicyny. Defekt w syntezie hemu i zubożenie hemu prowadzi do niedoboru enzymów hemowych. Niedobór cytochromu C oksydazy i aconitazy prowadzi do defektów fosforylacji oksydacyjnej mitochondriów i defektów cyklu TCA. Prowadzi to do niedoboru dehydrogenazy pirogronianowej i defektu w syntezie acetylu CoA. Istnieje wzrost glikolizy wynikający z fotoutleniania porfirynowego wywołanego wytwarzaniem wolnych rodników i indukcją HIF alfa. W ten sposób powstaje fenotyp Warburga. Zwiększony poziom generowanego pirogronianu jest przekształcany w glutaminian i amoniak. W wyniku tego dochodzi do hiperamonemii, będącej konsekwencją wady metabolicznej. Ponieważ glicyna jest wykorzystywana do syntezy porfiryn, nie jest ona syntetyzowana, co prowadzi do niedoboru substratu do syntezy cystationiny. Prowadzi to do gromadzenia się homocysteiny i homocystynurii. Niedobór acetylu CoA prowadzi do zaburzeń w szlaku izoprenoidalnym i wadliwej syntezy cholesterolu i ubichinonu. Występuje również niedobór hemu zawierającego cholesterol syntetyzującego enzym lanosterolu syntazy. Prowadzi to do stanu zubożenia cholesterolu.

Niedobór hemu prowadzi do braku syntezy heme enzymu cytochromu P420 zależnego od hormonów płciowych i powszechnego stanu aseksualnego. Dysfunkcja mitochondriów prowadzi do oporności na insulinę i zespołu metabolicznego x. Fenotyp Warburga i zwiększona glikoliza prowadzą do onkogenezy. Dysfunkcja mitochondriów może prowadzić do neurodegeneracji. Wzrost glikolizy limfocytów może prowadzić do aktywacji immunologicznej i choroby autoimmunologicznej. Tak więc porfiria wywołana medytacją może prowadzić do choroby cywilizacyjnej.

Porfiryny mogą się organizować, tworząc struktury wielkocząsteczkowe, które mogą się replikować, tworząc organizm porfirynowy. Indukowane fotonem przenoszenie elektronów wzdłuż makromolekuły może prowadzić do wywołanej światłem syntezy ATP. Porfiryny mogą tworzyć szablon, na którym RNA i DNA mogą tworzyć wiroidy generujące. Porfiryny mogą również tworzyć szablon, na którym mogą tworzyć się priony. Wszystkie one mogą się połączyć - wiroidy RNA, wiroidy DNA, priony - tworząc prymitywne archaiki. W ten sposób archaiki są zdolne do samoreplikacji na szablonach porfiryn. Samo-replikujące się archaiki mogą wyczuć grawitację, która daje początek świadomości. Potrafią również wyczuć pola antygrawitacyjne, które dają początek nieświadomemu mózgowi. W ten sposób mogą istnieć zarówno samo-replikujące się archaiki jak i antyarchaiki, które regulują mózg świadomy i nieświadomy. Tak więc stres klimatyczny pośredniczy zwiększona synteza porfiryn prowadzi do zaniku kory przedczołowej, dominacji móżdżku, zaburzeń poznawczych afektywnych móżdżku, kwantowej percepcji i neandertalizacji populacji. Porfiryny są samoreplikującymi się organizmami nadcząsteczkowymi, które tworzą szablon prekursora, na którym powstają wiroidy, priony i nanoarchaea. Medytacyjny szablon wywołany stresem ukierunkowany na abiogenezę porfirów, prionów, wiroidów i archaicznych jest procesem ciągłym i może przyczyniać się do zmian w strukturze i zachowaniu mózgu, jak również w procesie chorobowym. [1-10]

Referencje

1. Eckburg, P.B., Lepp, P.W. i Relman, D.A. Archaea i ich potencjalna rola w chorobie człowieka. *Zainfekować. Immun.*, 2003; 71: 591-596.
2. Adam, Z. Actinides i Life's Origins. *Astrobiologia*, 2007; 7(6).
3. Davies, P.C.W., Benner, S.A., Cleland, C.E., Lineweaver, C.H., McKay, C.P. i Wolfe-Simon, F. Signatures of a Shadow Biosphere. *Astrobiologia,* 2009; 241-249.
4. Hawking, S. i Mlodinow, L. *The Grand Design*, 2010, Nowy Jork: Bantam Books.
5. Crick F. *Zdumiewająca hipoteza: The Scientific Search for the Soul*, 1995, Nowy Jork: Scribner.
6. Le Sage, G-L. List do naukowca w Dijon... *Mercure de France*, 1756; 153-171.
7. Margulis, L. Archaeal-eubacterial mergers in the origin of Eukarya: phylogenetic classification of life. *Proc Natl Acad Sci USA,* 1996; 93: 1071-1076.
8. Schmahmann, J.D. i Sherman, J.C. Mózgowy zespół uczuciowo-poznawczy. *Mózg*. 1998, 121: 561-579.
9. Bohm, D. *Wholeness and the Implicate Order*, 1980, Londyn: Routledge.
10. Anderson, S., Anderson, H.L., Bashall, A., McPartlin, M., Sanders, J.K.M. (1995). Montaż i struktura krystaliczna fotokomórkowej matrycy pięciu porfiryn. *Angewandte Chemie International Edition in English,* 34(10): 1096.

ROZDZIAŁ 3
MÓZG MEDYTACYJNY - MÓZG WYWOŁANY PRZEZ ARCHEOLOGA, DUCHOWY I ZŁY

Wprowadzenie

Medytacja może doprowadzić nas do kontaktu pomiędzy polem świadomości a mózgiem kwantowym. Można to wytłumaczyć panpsychizmem i funkcją mózgu. Medytacja świadomościowa ocenia inne pola kwantowe przez komunikację kwantową na podstawie panpsychizmu i pasuje do pustego strychu mózgu z wiedzą do postrzegania w zadaniu z dokładnością do jednego punktu. Rozważna medytacja pomaga w endosymbiotycznym wzroście archeologicznym poprzez indukowanie heme-tlenazy, syntezy porfiryn, tworzenia się porfiryn i szablonów porfiryn działających jako rusztowanie do tworzenia się archaiki. Medytacja prowadzi do konwersji do fenotypu homo neandertalicznego. Świadoma medytacja pomaga nam wymusić uczulenie na panpsychicznym polu protokonsumpcji.

Medytacja może modulować metabolizm organizmu i funkcje mózgu. Mechanizm ten polega na indukcji układu heme-tlenazy. Medytacja indukuje heme-tlenazę, która przekształca heme w tlenek węgla i bilirubinę. Bilirubina i bilirubina są zmiataczami wolnych rodników i mopem w górę wolnych rodników. Wolni radykałowie są wymagający dla funkcji NMDA zależnej talamo-ortico-thalamic sprzężenia zwrotnego obwodu pogłosowego kluczowego w świadomości. Obwód ten pośredniczy w pracy pamięci i skupieniu uwagi. Wolne rodniki również aktywować NMDA i przez jego zdolność do swobodnego dyfuzji przez systemy mózgowe mogą indukować aktywność NMDA, zsynchronizowane rozsadzanie neuronów w różnych częściach obszarów sensorycznych produkujących synchronizację percepcyjną. To pośredniczy w świadomości. W ten sposób wydalanie wolnych rodników przez heme-tlenazę prowadzi do tłumienia świadomości i medytacyjnych transów. Indukcja heme-tlenazy hamuje syntezę ALA. W ten sposób hem jest uszczuplony z systemu. Zwiększa się synteza porfiryn prowadząca do porfirynurii i porfirii. Bodziec do syntezy porfiryn pochodzi z niedoboru hemu. Porfiryny mogą organizować się w samoreplikujące się struktury nadcząsteczkowe zwane porfirynami, które są indukowane przez praktyki medytacyjne. Porfiryny mogą organizować się w struktury makrocząsteczkowe, które mogą się samoczynnie replikować, tworząc organizm porfirynowy. Indukowane fotonem przenoszenie elektronów wzdłuż makromolekuły może prowadzić do wywołanej światłem syntezy ATP. Porfiryny mogą tworzyć szablon, na którym

RNA i DNA mogą tworzyć wiroidy generujące. Porfiryny mogą również tworzyć szablon, na którym mogą tworzyć się priony. Wszystkie one mogą się połączyć - wiroidy RNA, wiroidy DNA, priony - tworząc prymitywne archaiki. W ten sposób archaiki są zdolne do samoreplikacji na szablonach porfiryn. Samo-replikujące się archaiki mogą wyczuć grawitację, która daje początek świadomości. Potrafią również wyczuć pola antygrawitacyjne, które dają początek nieświadomemu mózgowi. W ten sposób mogą istnieć zarówno samo-replikujące się archaiki jak i antyarchaiki, które regulują mózg świadomy i nieświadomy. Tak więc stres klimatyczny pośredniczy zwiększona synteza porfiryn prowadzi do zaniku kory przedczołowej, dominacji móżdżku, zaburzeń poznawczych afektywnych móżdżku, kwantowej percepcji i neandertalizacji populacji. Porfiryny są samoreplikującymi się organizmami nadcząsteczkowymi, które tworzą szablon prekursora, na którym powstają wiroidy, priony i nanoarchaea. Medytacyjny szablon wywołany stresem ukierunkowany na abiogenezę porfirów, prionów, wiroidów i archaicznych jest procesem ciągłym i może przyczyniać się do zmian w strukturze i zachowaniu mózgu, jak również w procesie chorobowym.

Globalne ocieplenie może również powodować wzrost zakwaszenia i wzrost stężenia dwutlenku węgla w atmosferze, co prowadzi do ekstremalnej symbiozy archeologicznej u ludzi. Symbioza archeologiczna prowadzi do neandertalizacji człowieka. Archaeae spowodowała rozprzężenie białek wytwarzających prymitywny fenotyp Warburga i metabolizm komórek macierzystych. Archaiczne metabolity digoksyny cholesterolowej, kwasów żółciowych i krótkołańcuchowych kwasów tłuszczowych powodują rozprzężenie białek. Lizosomalne enzymy, będące znacznikiem konwersji komórek macierzystych, ulegają znacznemu zwiększeniu wraz z genezą archeologicznego fenotypu w zespole metabolicznym x, zwyrodnieniach, chorobach autoimmunologicznych, nowotworach, schizofrenii i autyzmie. We wszystkich tych chorobach systemowych dochodzi do transformacji komórek somatycznych w komórki macierzyste i utraty funkcji. Neurony stają się niedojrzałe i tracą swoje dendrytyczne kręgosłupy oraz łączność. Powoduje to utratę funkcji neuronów i powrót do archaicznego magnetytu pośredniczącego w pozazmysłowym postrzeganiu niskiego poziomu EMF. Ekspozycja na niski poziom EMF powoduje zmiany w mózgu. Prowadzi to do zaniku kory przedczołowej. Prymitywne obszary mózgu móżdżku i pnia mózgu stają się przerostowe. Rozwijają się komórki somatyczne i neuronalne, dochodzi do neandertalizacji mózgu i ciała. [1-17]

Idea dobra opiera się na rozsądku i logice. Rozsądek i logika są funkcją kory mózgowej, a zwłaszcza płata przedczołowego. Funkcja płata przedczołowego wymaga dynamicznej łączności synaptycznej, która jest wytwarzana przez skokowe geny pośredniczące w ludzkich endogenicznych sekwencjach retrowirusowych. Dobro jest skorelowane z niebem. Idea zła opiera się na nieświadomości i impulsywnym zachowaniu związanym z obszarami podkorowymi, zwłaszcza móżdżku. Móżdżek jest miejscem impulsywnego zachowania i nieświadomego zachowania. Móżdżek i podkorowe połączenia mózgu są głównie sieci kolonii archeologicznych. Idea zła jest związana z piekłem. Idea świadomego osądu aktów i nieświadomych aktów impulsywnych, niebo i piekło, dobro i zło są zestawieniami. Globalne ocieplenie i ekspozycja na niski poziom EMF prowadzi do aktynowego wzrostu archeologicznego w mózgu i zwiększonego archetypu magnetytowego pośredniczącego w postrzeganiu niskiego poziomu EMF. Prowadzi to do zaniku kory przedczołowej i dominacji móżdżku. Świadomy staje się minimalny i nieświadomy mózg przejmuje władzę. Badanie oceniało wzrost archeologiczny oceniane przez aktywność cytochromu F420 i metabolizm typu komórek macierzystych w chorobach systemowych, zaburzeniach neuropsychiatrycznych i normalnych osób o różnym profilu psychologicznym - więźniów, osób kreatywnych i zdrowy rozsądek modulowane biznesmenów. [1-17] Wyniki przedstawiono w niniejszej pracy.

Materiały i metody

Próbki krwi pobrano z czterech grup psychologicznie różnych populacji o różnych skłonnościach duchowych/edukacyjnych, więźniów kryminalnych, artystów kreatywnych i biznesmenów. W każdej grupie było 15 członków. Próbki krwi pobrano również z 15 przypadków zespołu metabolicznego, zwyrodnień - choroby Alzheimera, choroby autoimmunologicznej - tru, raka - glejaka mózgu, schizofrenii i autyzmu. Oceny przeprowadzone w pobranych próbkach krwi obejmują aktywność cytochromu F420. Oszacowano poziom mleczanu krwi, pirogronianu, heksokinazy, cytochromu C, cytochromu F420, digoksyny, kwasów żółciowych, maślanu i propionianu.

Wyniki

Wyniki wykazały, że duchowe, artystyczne jednostki twórcze i więźniowie kryminalni zwiększyli aktywność cytochromu F420 i poziom digoksyny RBC. Wyniki wykazały, że biznesmeni zmniejszyli aktywność cytochromu F420 i poziom digoksyny RBC. Próbki krwi z choroby Alzheimera, choroby autoimmunologicznej - SLE, glejaka nowotworowego mózgu, schizofrenii i autyzmu miały zwiększoną aktywność mleczanu i pirogronianu krwi, zwiększoną heksokinazę RBC, zwiększoną aktywność cytochromu C i cytochromu F420, zwiększoną aktywność digoksyny, kwasów żółciowych, maślanu i propionianu. Stan choroby powodował zwiększenie aktywności cytochromu F420. Stężenie cytochromu C we krwi uległo podwyższeniu. Sugerowało to dysfunkcję mitochondriów. Nasiliła się glikoliza, co sugerowało zwiększoną aktywność heksokinazy RBC i kwasicę mlekową. Ze względu na dysfunkcję mitochondriów i hamowanie dehydrogenazy pirogronianowej dochodziło do akumulacji pirogronianów. W cyklu Cori pirogronian został przekształcony w mleczan, a także w glutaminian i amoniak. Ten metabolizm wskazuje na fenotyp Warburga i konwersję komórek macierzystych. Komórki macierzyste uzależnione są od beztlenowej glikolizy Warburga dla celów energetycznych i mają dysfunkcję mitochondrialną. Aktywność lizosomalnego enzymu beta galaktozydazy została zwiększona w grupie chorobowej oraz w twórczych artystach i przestępcach sugerujących konwersję komórek macierzystych. Sugeruje to, że artystycznych twórczych, więźniów karnych, jak również osób duchowych mają tendencję do metabolizmu komórek macierzystych i konwersji komórek macierzystych.

Tabela 1

Grupa	Cytochrom F420		Serum cyto C (ng/ml)		Laktat (mg/dl)		Pirwat (umol/l)		Heksokinaza RBC (ug glu phos/ hr/mgpro)	
	Mean	+ SD	Mean	+ SD	Mean	+ SD	Mean	+ SD	Mean	+ SD
Normalna populacja	1.00	0.00	2.79	0.28	7.38	0.31	40.51	1.42	1.66	0.45
Duchowy/Medytatywny	4.00	0.00	12.39	1.23	25.99	8.10	100.51	12.32	5.46	2.83
Akwizytywny kapitalista	0.00	0.00	1.21	0.38	2.75	0.41	23.79	2.51	0.68	0.23
Artystyczny	4.00	0.00	12.84	0.74	23.64	1.43	96.19	12.15	10.12	1.75
Przestępczość	4.00	0.00	12.72	0.92	25.35	5.52	103.32	13.04	9.44	3.40
Schizo	4.00	0.00	11.58	0.90	22.07	1.06	96.54	9.96	7.69	3.40
Zajęcie	4.00	0.00	12.06	1.09	21.78	0.58	90.46	8.30	6.29	1.73
HD	4.00	0.00	12.65	1.06	24.28	1.69	95.44	12.04	9.30	3.98
AD	4.00	0.00	11.94	0.86	22.04	0.64	97.26	8.26	8.46	3.63
MS	4.00	0.00	11.81	0.67	23.32	1.10	102.48	13.20	8.56	4.75
SLE	4.00	0.00	11.73	0.56	23.06	1.49	100.51	9.79	8.02	3.01
NHL	4.00	0.00	11.91	0.49	22.83	1.24	95.81	12.18	7.41	4.22
Glio	4.00	0.00	13.00	0.42	22.20	0.85	96.58	8.75	7.82	3.51
DM	4.00	0.00	12.95	0.56	25.56	7.93	96.30	10.33	7.05	1.86
CAD	4.00	0.00	11.51	0.47	22.83	0.82	97.29	12.45	8.88	3.09
CVA	4.00	0.00	12.74	0.80	23.03	1.26	103.25	9.49	7.87	2.72
AIDS	4.00	0.00	12.29	0.89	24.87	4.14	95.55	7.20	9.84	2.43
CJD	4.00	0.00	12.19	1.22	23.02	1.61	96.50	5.93	8.81	4.26
Autyzm	4.00	0.00	12.48	0.79	21.95	0.65	92.71	8.43	6.95	2.02
DS	4.00	0.00	12.79	1.15	23.69	2.19	91.81	4.12	8.68	2.60
Mózgowe porażenie dziecięce	4.00	0.00	12.14	1.30	23.12	1.81	95.33	11.78	7.92	3.32
CRF	4.00	0.00	12.66	1.01	23.42	1.20	97.38	10.76	7.75	3.08
Cirr/Hep Fail	4.00	0.00	12.81	0.90	26.20	5.29	97.77	13.24	8.99	3.27
Niski poziom promieniowania tła	4.00	0.00	12.26	1.00	23.31	1.46	103.28	11.47	7.58	3.09
Wartość F	0.001		445.772		162.945		154.701		18.187	
Wartość P	< 0.001		< 0.001		< 0.001		< 0.001		< 0.001	

Tabela 2

Grupa	ACOA (mg/dl)		Glutaminian (mg/dl)		Se. amoniak (ug/dl)		RBC digoksyna (ng/ml RBC Susp)		Aktywność beta-galaktozydazy w surowicy (IU/ml)	
	Mean	+ SD	Mean	+ SD	Mean	+ SD	Mean	+ SD	Mean	+ SD
Normalna populacja	8.75	0.38	0.65	0.03	50.60	1.42	0.58	0.07	17.75	0.72
Duchowy/Medytatywny	2.51	0.36	3.19	0.32	93.43	4.85	1.41	0.23	55.17	5.85
Akwizytywny kapitalista	16.49	0.89	0.16	0.02	23.92	3.38	0.18	0.05	8.70	0.90
Artystyczny	2.51	0.42	3.11	0.36	92.40	4.34	1.40	0.32	46.37	4.87
Przestępczość	2.19	0.19	3.27	0.39	95.37	5.76	1.51	0.29	47.47	4.34
Schizo	2.51	0.57	3.41	0.41	94.72	3.28	1.38	0.26	51.17	3.65
Zajęcie	2.15	0.22	3.67	0.38	95.61	7.88	1.23	0.26	50.04	3.91
HD	1.95	0.06	3.14	0.32	94.60	8.52	1.34	0.31	51.16	7.78
AD	2.19	0.15	3.53	0.39	95.37	4.66	1.10	0.08	51.56	3.69
MS	2.03	0.09	3.58	0.36	93.42	3.69	1.21	0.21	47.90	6.99
SLE	2.54	0.38	3.37	0.38	101.18	17.06	1.50	0.33	48.20	5.53
NHL	2.30	0.26	3.48	0.46	91.62	3.24	1.26	0.23	51.08	5.24
Glio	2.34	0.43	3.28	0.39	93.20	4.46	1.27	0.24	51.57	2.66
DM	2.17	0.40	3.53	0.44	93.38	7.76	1.35	0.26	51.98	5.05
CAD	2.37	0.44	3.61	0.28	93.93	4.86	1.22	0.16	50.00	5.91
CVA	2.25	0.44	3.31	0.43	103.18	27.27	1.33	0.27	51.06	4.83
AIDS	2.11	0.19	3.45	0.49	92.47	3.97	1.31	0.24	50.15	6.96
CJD	2.10	0.27	3.94	0.22	93.13	5.79	1.48	0.27	49.85	6.40
Autyzm	2.42	0.41	3.30	0.32	94.01	5.00	1.19	0.24	52.87	7.04
DS	2.01	0.08	3.30	0.48	98.81	15.65	1.34	0.25	47.28	3.55
Mózgowe porażenie dziecięce	2.06	0.35	3.24	0.34	92.09	3.21	1.44	0.19	53.49	4.15
CRF	2.24	0.32	3.26	0.43	98.76	11.12	1.26	0.26	49.39	5.51
Cirr/Hep Fail	2.13	0.17	3.25	0.40	94.77	2.86	1.50	0.20	46.82	4.73
Niski poziom promieniowania tła	2.14	0.19	3.47	0.37	102.62	26.54	1.41	0.30	51.01	4.77
Wartość F	1871.04		200.702		61.645		60.288		194.418	
Wartość P	< 0.001		< 0.001		< 0.001		< 0.001		< 0.001	

Dyskusja

W chorobach ogólnoustrojowych i zaburzeniach neuropsychiatrycznych dominuje beztlenowy metabolizm glikolityczny, a fosforylacja oksydacyjna mitochondriów jest tłumiona. Metabolizm jest podobny do metabolizmu komórki macierzystej. Poziom pirogronianów i mleczanów zwiększa się wraz ze spadkiem koenzymu acetylowego A i ATP. Droga glikolityczna i heksokinaza ulegają zwiększeniu. Wskazuje to na fenotyp Warburga zależny od glikolizy beztlenowej dla energetyki. Lizosomalne enzymy beta galaktozydazy i markera komórek macierzystych są zwiększone. Cytochrom F420 jest również zwiększony, jak również archeologiczny katabolit digoksyna, która tłumi ATPazę potasową sodu. Bakterie i archaiki mają indukować transformację komórek macierzystych. Indukcja białek rozpraszających prowadzi do transformacji komórek macierzystych. Białka rozprzęgające się hamują fosforylację oksydacyjną, a substraty są kierowane do glikolizy beztlenowej. Digoksyna, hamując ATPazę potasowo-sodową, może zwiększać poziom wapnia wewnątrzkomórkowego, indukować przemijającą funkcję mitochondriów w porach i powodować fosforylację oksydacyjną. Łańcuch boczny cholesterolu jest katabolizowany przez archaiki do kwasu masłowego i propionowego, które powodują oddzielenie fosforylacji oksydacyjnej. Archaiczny łańcuch boczny hydroksylazy przekształca cholesterol w kwasy żółciowe, które odblokowują fosforylację oksydacyjną. Archealna symbioza w komórce powoduje katabolizm cholesterolu, a katabolity digoksyna, kwasy żółciowe i krótkołańcuchowe kwasy tłuszczowe powodują fosforylację oksydacyjną, hamują funkcję mitochondriów i sprzyjają glikolizie beztlenowej. Konwersja komórek somatycznych na komórki macierzyste pomaga w utrzymaniu się wewnątrz komórki i symbiozie. Infekcja Mycobacterium leprae może przekształcić komórki Schwanna w komórki macierzyste. Infekcja archeologiczna powoduje konwersję komórek somatycznych na komórki macierzyste w celu zachowania ich archaealnej trwałości. Konwersja do komórek macierzystych powoduje proliferację i utratę funkcji, co prowadzi do chorób systemowych i zaburzeń neuropsychiatrycznych. Konwersja neuronów do komórek macierzystych i utrata funkcji prowadzi do rozwoju nowego fenotypu psychologicznego. [1-17]

Komórka systemowa i neuronowa w zespole metabolicznym x, raku, chorobie autoimmunologicznej, zwyrodnieniach, schizofrenii i autyzmie zachowuje się jak komórka macierzysta. W tych zaburzeniach możliwe jest hipotezowanie konwersji komórek somatycznych do komórek macierzystych. Zróżnicowane komórki w wyniku indukcji archeologicznej ulegają konwersji do komórki macierzystej. Komórka macierzysta jest komórką niedojrzałą, z utratą funkcji. Neurony tracą swoje dendrytyczne kręgosłupy i tracą łączność. Funkcja mózgu staje się prymitywna. Neurony są adendrityczne i odłączone. Skutkuje to złożonymi strukturami mózgu, takimi jak współczesna kora mózgowa i zanik kory przedczołowej. W prymitywnych częściach mózgu dochodzi do przerostu pnia mózgu i przerostu móżdżku. Powoduje to neandertalizację mózgu z widoczną bułką potyliczną i zanikającą korą przedczołową. Zanik kory przedczołowej prowadzi do utraty logiki, osądu, rozumowania i funkcji wykonawczych. Hipertrofia móżdżku i pnia mózgu powoduje dominację zachowań impulsywnych. Różnica między rzeczywistością a snem zostaje utracona. Mózg jest rządzony przez zmysły i impulsy. Mózg staje się dysfunkcyjny z większą ilością gwałtownych, agresywnych i kanibalistycznych zachowań. Sztuka staje się bardziej abstrakcyjna i powiązana z nieświadomością. Świat nieświadomego mózgu z jego archetypami przejmuje władzę. Następuje utrata świata rozumowania, logiki i osądu. Jest to świat impulsywności, w którym dominują prymitywne tendencje w stosunku do nieświadomości. Wytwarza to więcej rytualnych zachowań, gwałtownych i agresywnych tendencji, terroryzmu, wojny, seksualnych obsceniczności i alternatywnej seksualności. Jest to świat zmysłów. Jest również intensywnie zły, jak i duchowy. Zahamowanie świadomości z powodu utraty funkcji korowych i dominacji nieświadomości prowadzi do mistycznego doświadczenia. Istnieje przepełnienie duchowości. Dominuje również paradoksalna strona tego zachowania. Przemoc, agresja, obsesyjna seksualność, realizm magiczny w literaturze, malarstwo abstrakcyjne, muzyka rockowa i taniec oraz poezja współczesna, a także literatura wytwarzają transcendencję innego rodzaju. Skutkuje to surrealizmem i syntezą. Utrata funkcji neuronów prowadzi do schizofrenii, autyzmu i zwyrodnień. Zwiększona proliferacja komórek macierzystych indukowana przez archeologów prowadzi do powstania dużego mózgu i pnia jak u neandertalczyków. Ta symbioza archeologiczna prowadzi do neandertalizacji i zespołu komórek macierzystych. To powoduje odwrotne starzenie się, które można nazwać epidemicznym zespołem Benjamina Buttona. Limfocytarne komórki macierzyste mają niekontrolowaną proliferację i prowadzą do chorób autoimmunologicznych. Proliferacja komórek macierzystych prowadzi do onkogenezy. Metabolizm komórek macierzystych z hamowaniem funkcji mitochondriów i glikolizy beztlenowej prowadzi do powstania zespołu metabolicznego x. W schizofrenii i autyzmie zwiększa się ilość markerów komórek macierzystych, a w neuronach brak jest dendrytycznych kręgosłupów. Markery komórek macierzystych są również zwiększone w chorobie autoimmunologicznej. Metabolizm cukrzycowy jest podobny do metabolizmu komórek macierzystych. Komórka nowotworowa zachowuje się jak komórka macierzysta. [1-17]

W metafizyce zła dominuje nieświadomość, a zachowanie jest impulsywne podyktowane prymitywnymi myślami. Nieświadoma modulowana przez móżdżek jest odpowiedzialna za automatyczne akty produkujące to, co nazywa się automatyzmem psychicznym. Nieświadomość pokrywa się z tym, co Jung opisał jako archetypy zbiorowej nieświadomości. Metafizyka zła prowadzi do syntetycznego mózgu z dominacją siły woli. Prymitywne archetypy tworzą koncepcje malarstwa abstrakcyjnego, muzyki psychodelicznej i tańca oraz literatury postmodernistycznej lub realizmu magicznego. Wszystko to są sposoby łączenia się z nieświadomością. Nieświadomość wytwarza prymitywne, egoistyczne tendencje prowadzące do indywidualizmu i kapitalizmu. Nieświadomość pomaga wykroczyć poza tabu i tworzy surrealistyczny świat. Nieświadomość zbiorowa produkuje również poczucie duchowości i jedności. Jest impulsywnym mózgiem z fiksacjami i prymitywnymi obsesjami. Istnieje móżdżkowy automatyzm psychiczny. Prowadzi to do zachowań rytualnych. Dominacja nieświadomości zbiorowej skutkuje zachowaniami rytualnymi charakterystycznymi dla kultu religijnego. Nieświadomość zbiorowa prowadzi również do tworzenia sztuki i literatury obscenicznej oraz przemocy, która jest formą transcendencji. Koprolowe rytualne obrzędy religijne zostały opisane w niektórych częściach świata. Terroryzm i akty przemocy są również rodzajem transcendencji. Te same zjawiska występują w ofiarach rytualnych w religii, w przemocy wojennej i nabytkach kapitalizmu. Prymitywna nieświadomość prowadzi do woli dojścia do władzy. To powoduje chciwy kapitalizm, dyktaturę i faszyzm. Wola do władzy prowadzi do uwielbienia potężnych. Jest to świat indywidualistyczny, anarchistyczny, egoistyczny. Świat móżdżku jest prymitywnym światem archetypów w zbiorowej nieświadomości. Obrazy abstrakcyjne mają powiązania z nieświadomością zbiorową. Muzyka rockowa czy współczesna zawiera rytmiczne, prymitywne, chaotyczne dźwięki wydobywające się z kolektywnej nieświadomości. Prymitywna zbiorowa nieświadomość łączy postnowoczesną literaturę lub realizm magiczny z przemocą, miłością, nienawiścią, złem, obscenicznością i śmiercią. W ten sposób literatura, muzyka, taniec i malarstwo pomagają przezwyciężyć rzeczywistość i racjonalność, tworząc transcendencję. Nieświadomy mózg składa się z sieci kolonii archeologicznych, jest adynamiczny i nieelastyczny. Istnieje epidemia autyzmu i schizofrenii. Utrata funkcji neuronów prowadzi do zwiększonego postrzegania pozazmysłowego przez archeologiczny magnetyt. Może to prowadzić do braku rozwoju mowy i rytualnych zachowań autystycznych. Prowadzi to również do zaburzeń myślenia, halucynacji i urojenia schizofrenii. Wygląda to na epidemiczne zaburzenie poznawcze móżdżku, afektywne. [1-17]

Dobro jest związane ze świadomym mózgiem zlokalizowanym w obszarach korowych. Obszary korowe pośredniczą w moralistycznych, funkcjonalnie ateistycznych zachowaniach społeczeństwa obywatelskiego. Społeczeństwo obywatelskie zależy od dobra wspólnego. Świat korowy jest światem moralności, racjonalności, altruizmu, grzeczności i przyzwoitości. Potrzebuje on hamującej siły kory mózgowej. Takie społeczeństwo jest niekapitalistyczne i działa na rzecz dobra wspólnego. Ma tendencję do bycia nie kreatywnym. Prymitywna duchowość i jedność zbiorowa zostaje utracona. Zastąpiona jest dobrocią opartą na osądzie, rozumowaniu i moralności. Jest to moralizatorski świat, w którym zakazane są tabu. Wymaga to synaptycznej plastyczności i jest modulowane za pomocą genów skokowych z pośredniczeniem HERV. Wymaga to dynamicznego mózgu, a ludzka kora mózgowa ewoluowała dzięki skokowym genom generowanym z ludzkich endogenicznych sekwencji retrowiralnych. Świat mózgowy jest stosunkowo impulsywny, przestępczy, gwałtowny, terrorystyczny z miłością do wojny, samolubny, nabytkowy, duchowy, autystyczny, obsesyjny, schizofreniczny, obsceniczny, zły, rytualizowany, artystyczny, nielogiczny i okrutny. Pośredniczy w tym sieć kolonii archeologicznych. Transformacja komórek macierzystych komórek somatycznych powoduje opór HERV i opór retroviralny. Archaeal digoksyna hamuje odwrotną transkryptazę poprzez wytwarzanie niedoboru magnezu, jak również moduluje edycję wirusową RNA hamując replikację wsteczną. Prowadzi to do braku skokowych genów HERV w tym mózgu komórek macierzystych oraz braku plastyczności i dynamiki synaptycznej. Zespół komórek macierzystych charakteryzuje się opornością retrowirusową. Symbioza archeologiczna hamuje infekcję retrowirusową. Homo sapiens z mniejszą symbiozą archeologiczną staje się podatny na zakażenie retrowirusowe i inne infekcje wirusowe RNA i zostaje wyparty. Homo neoneanderthalis jest oporny na zakażenie retrowirusowe i inne RNA wirusowe i utrzymuje się. Homo neoneanderthalis dominuje na całym świecie. Ale homo neoneanderthalis są podatne na choroby cywilizacyjne takie jak nowotwory, choroby autoimmunologiczne, neurodegenerację, zespół metaboliczny i zaburzenia neuropsychiatryczne. Homo neoneanderthalis wygasa po pewnym czasie. [1-17]

Zespół komórek macierzystych lub neandertalizacja wywołana przez archeologów jest spowodowana globalnym ociepleniem i kwaśnymi deszczami, które prowadzą do zwiększonej symbiozy archeologicznej. Archaeae katabolizuje cholesterol i generuje digoksynę, kwasy żółciowe i krótkołańcuchowe kwasy tłuszczowe, które powodują indukcję rozprzężonych białek. W ten sposób dochodzi do dysfunkcji mitochondriów, a komórka otrzymuje energię z glikolizy. Archeologiczna digoksyna wytwarza błonową inhibicję ATPazy potasowo-sodowej, która przyczynia się również do konwersji komórek macierzystych. W całym organizmie somatycznym i mózgu dochodzi do konwersji komórek macierzystych, które stają się fenotypem komórek macierzystych o fenotypie metabolicznym Warburga. Uogólniona kwasowość spowodowana globalnym ociepleniem i zwiększonym dwutlenkiem węgla w atmosferze ułatwia również rozwój archeologiczny i transformację komórek macierzystych. Kwaśne pH spowodowane fenotypem Warburga i podwyższonym stężeniem atmosferycznego dwutlenku węgla powoduje również konwersję komórek macierzystych. Zróżnicowane komórki somatyczne przekształcone w komórki macierzyste tracą swoją funkcję i stają się dysfunkcyjne metabolicznie, neurologicznie, immunologicznie i endokrynologicznie. W ten sposób powstaje epidemiczny zespół guziczków Benjamina, a gatunek ludzki staje się neandertalczykiem i kolekcją niedojrzałych komórek macierzystych. Prowadzi to do powstania epidemicznego zespołu metabolicznego x, zwyrodnień, nowotworów, chorób autoimmunologicznych, autyzmu i schizofrenii. Mózg przekształca się w kolekcję komórek macierzystych, które są rozróżniane z utratą funkcji i są jak sieć kolonii archeologicznych. Postrzeganie staje się pozazmysłowe i kwantowe w zależności od archeologicznego magnetytu. Zwiększona ilość niskiego poziomu percepcji EMF powoduje zanik kory przedczołowej. Wytwarza on również przerost móżdżku i przejmuje funkcje poznawcze móżdżku. Prowadzi to również do zmian społecznych, w których dominuje zło i duchowość. Kończy się świat logicznego społeczeństwa obywatelskiego świata chrześcijańskiego i przejmują go zachowania pogańskie. Społeczeństwo staje się egoistyczne i zdominowane przez impulsywny konsumpcjonizm i kapitalizm nabytkowy. Świat staje się okrutny, gwałtowny, agresywny i terrorystyczny. Sztuka staje się chaotyczna i abstrakcyjna zgodnie ze zmysłami i nieświadomością. Dominuje obsesyjna i przemienna seksualność. Dominują przestępcze zachowania i okrucieństwo. Świat jest impulsywny psychopatyczny, twórczy autystyczny z cechami idiotycznych zbawicieli, rytualny, chaotyczny, seksualny, brzydki, anarchiczny, gwałtowny, zły, pogański, obsceniczny, ateistyczny, duchowy, a także egoistyczny. Naśladuje on świat Niezteschеański, zdekonstruowany świat Derridy, surrealistyczny świat Bataille'a i nihilistyczny, anarchiczny świat. Jest śmierć jednostki i życie staje się wartością społeczną. Jest to acefalistyczny świat Freuda i Junga. Sztuka jest abstrakcyjna, literatura jest magicznie realna, muzyka jest rockowa, a taniec chaotyczny. Wszystko to wynika z zanikania racjonalności i dominacji prymitywnych zachowań impulsywnych. Dominuje cywilizacja zmysłów zdominowana przez nieświadomość. Utracona zostaje wola do dobra, jaką daje kora mózgowa. Powoduje to rozwój nowego homo neoneandertalskiego gatunku ludzkiego z jego dominującym złowieszczym duchowym mózgiem. Wytwarza on surrealistyczny, zły mózg z przejęciem sfery zmysłów, archetypów, złej duchowości i impulsywności. Jest to królestwo zbiorowego nieświadomego i egoistycznego kapitalizmu z wolą władzy i sferą zmysłów. [1-17]

Referencje

1. Weaver TD, Hublin JJ. Neandertal Birth Canal Shape and the Evolution of Human Childbirth. *Proc. Natl. Acad. Sci. USA* 2009; 106:8151-8156.

2. Kurup RA, Kurup PA. Endosymbiotyczny aktynoidalny archetyp pośredniczący w rozwoju fenotypu Warburga pośredniczy w rozwoju choroby człowieka. *Advances in Natural Science* 2012; 5(1):81-84.

3. Morgan E. The Neanderthal theory of autism, Asperger and ADHD; 2007, www.rdos.net/eng/asperger.htm.

4. Graves P. New Models and Metaphors for the Neanderthal Debate. *Current Anthropology* 1991; 32(5): 513-541.

5. Sawyer GJ, Maley B. Neanderthal zrekonstruowany. *The Anatomical Record Part B: The New Anatomist* 2005; 283B(1):23-31.

6. Bastir M, O'Higgins P, Rosas A. Facial Ontogeny in Neanderthals and Modern Humans. *Bastir M, O'Higgins P, Rosas A. Ontogeneza twarzy u neandertalczyków i współczesnych ludzi. Sci.* 2007; 274:1125-1132.

7. Neubauer S, Gunz P, Hublin JJ. Endocranial Shape Changes during Growth in Chimpanzees and Humans: Analiza morfometryczna Unique and Shared Aspects. *J. Hum. Evol.* 2010; 59:555-566.

8. Courchesne E, Pierce K. Brain Overgrowth in Autism during a Critical Time in Development: Implikacje dla rozwoju Neuronu Piramidalnego i Interneuronu i łączności. *Int. J. Dev. Neurosci.* 2005; 23:153–170.

9. Green RE, Krause J, Briggs AW, Maricic T, Stenzel U, Kircher M, Patterson N, Li H, Zhai W, *et al.* A Draft Sequence of the Neandertal Genome. *Science* 2010; 328:710-722.

10. Mithen SJ. *The Singing Neanderthals: The Origins of Music, Language, Mind and Body;* 2005, ISBN 0-297-64317-7.

11. Bruner E, Manzi G, Arsuaga JL. Encephalization and Allometric Trajectories in the Genus Homo: Dowody z linii neandertalskiej i nowoczesnej. *Proc. Natl. Acad. Sci. USA* 2003; 100:15335-15340.

12. Gooch S. *The Dream Culture of the Neanderthals: Strażnicy Starożytnej Mądrości.* Inner Traditions, Wildwood House, Londyn; 2006.

13. Gooch S. *The Neanderthal Legacy: Obudzenie naszych genetycznych i kulturowych korzeni.* Inner Traditions, Wildwood House, Londyn; 2008.

14. Kurtén B. *Den Svarta Tigern*, ALBA Publishing, Stockholm, Sweden; 1978.

15. Spikins P. Autyzm, Integracja "Różnicy" i Pochodzenie Nowoczesnego Zachowania Człowieka. *Cambridge Archaeological Journal* 2009; 19(2):179-201.

16. Eswaran V, Harpending H, Rogers AR. Genomika odrzuca wyłącznie afrykańskie pochodzenie człowieka. *Journal of Human Evolution* 2005; 49(1):1-18.

17. Ramachandran V.S. The Reith wykłada, BBC Londyn. 2012.

ROZDZIAŁ 4
MEDYTACYJNY, SURREALISTYCZNY I SYNTETYCZNY MÓZG - GLOBALNY INTERNET I ZBIOROWA NIEŚWIADOMOŚĆ

Wprowadzenie

Medytacja może modulować metabolizm organizmu i funkcje mózgu. Mechanizm ten polega na indukcji układu heme-tlenazy. Medytacja indukuje heme-tlenazę, która przekształca heme w tlenek węgla i bilirubinę. Bilirubina i bilirubina są zmiataczami wolnych rodników i mopem w górę wolnych rodników. Wolni radykałowie są wymagający dla funkcji NMDA zależnej talamo-ortico-thalamic sprzężenia zwrotnego obwodu pogłosowego kluczowego w świadomości. Obwód ten pośredniczy w pracy pamięci i skupieniu uwagi. Wolne rodniki również aktywować NMDA i przez jego zdolność do swobodnego dyfuzji przez systemy mózgowe mogą indukować aktywność NMDA, zsynchronizowane rozsadzanie neuronów w różnych częściach obszarów sensorycznych produkujących synchronizację percepcyjną. To pośredniczy w świadomości. W ten sposób wydalanie wolnych rodników przez heme-tlenazę prowadzi do tłumienia świadomości i medytacyjnych transów. Indukcja heme-tlenazy hamuje syntezę ALA. W ten sposób hem jest uszczuplony z systemu. Zwiększa się synteza porfiryn prowadząca do porfirynurii i porfirii. Bodziec do syntezy porfiryn pochodzi z niedoboru hemu. Porfiryny mogą organizować się w samoreplikujące się struktury nadcząsteczkowe zwane porfirynami, które są indukowane przez praktyki medytacyjne. Porfiryny mogą organizować się w struktury makrocząsteczkowe, które mogą się samoczynnie replikować, tworząc organizm porfirynowy. Indukowane fotonem przenoszenie elektronów wzdłuż makromolekuły może prowadzić do wywołanej światłem syntezy ATP. Porfiryny mogą tworzyć szablon, na którym RNA i DNA mogą tworzyć wiroidy generujące. Porfiryny mogą również tworzyć szablon, na którym mogą tworzyć się priony. Wszystkie one mogą się połączyć - wiroidy RNA, wiroidy DNA, priony - tworząc prymitywne archaiki. W ten sposób archaiki są zdolne do samoreplikacji na szablonach porfiryn. Samo-replikujące się archaiki mogą wyczuć grawitację, która daje początek świadomości. Potrafią również wyczuć pola antygrawitacyjne, które dają początek nieświadomemu mózgowi. W ten sposób mogą istnieć zarówno samo-replikujące się archaiki jak i antyarchaiki regulujące świadomy i nieświadomy mózg. Tak więc stres klimatyczny pośredniczy zwiększona synteza porfiryn prowadzi do zaniku kory przedczołowej, dominacji móżdżku, zaburzeń poznawczych afektywnych móżdżku, kwantowej percepcji i neandertalizacji populacji. Porfiryny są samoreplikującymi się organizmami nadcząsteczkowymi, które tworzą szablon prekursora, na którym powstają wiroidy, priony i nanoarchaea. Medytacyjny szablon wywołany stresem ukierunkowany na abiogenezę porfirów, prionów, wiroidów i archaicznych jest procesem ciągłym i może przyczyniać się do zmian w strukturze i zachowaniu mózgu, jak również w procesie chorobowym.

Poprzednie badania z tego laboratorium wykazały również wzrost symbiotycznego wzrostu archeologicznego wynikającego z globalnego ocieplenia. Poprzednie badania wykazały niski poziom zanieczyszczenia EMF, prowadzący do zwiększonego wzrostu archeologicznego. Netokraci i netizeny są narażone na ciągły niski poziom zanieczyszczenia EMF. Archaeae zawiera magnetyt i może katabolizować cholesterol do generowania porfiryn. Digoksyna może wytwarzać inhibicję ATPazy potasowo-sodowej oraz system fononowy z pompą, działający poprzez dipolarny magnetyt i porfiryny do generowania modelu Frohlicha kondensatu Bose-Einsteina. Może to powodować postrzeganie ilościowe. Archeologiczny magnetyt i porfiryny mogą wytwarzać zwiększoną percepcję niskiego poziomu EMF prowadzącą do zaniku kory przedczołowej i przerostu mózgu. To może prowadzić do neandertalizacji mózgu. To prowadzi do dominacji funkcji poznawczych móżdżku, jak zostało zgłoszone wcześniej z tego laboratorium. Zanik kory przedczołowej może prowadzić do zanikania racjonalizacji i przyczynowości powodującej stan transcendencji. Jest to podstawa surrealizmu. Pola kwantowe mózgu może modulować pola EMF niskiego poziomu w internecie i interakcji może zmienić funkcję internetu i pól kwantowych innych mózgu działających w internecie. Interaktywne pola kwantowe ludzkiego mózgu i niskiego poziomu pól kwantowych EMF w Internecie tworzą jedną całość funkcjonującą jako uniwersalna zbiorowa nieświadomość, podstawa syntezy. Synteza jest ideą filozoficzną, w której ludzkość tworzy Boga w przeciwieństwie do monoteistycznego ideału religijnego Boga tworzącego ludzkość. Artykuł bada związek pomiędzy neandertalizmem, wzrostem archeologicznym i surrealizmem/synteizmem. [1-16] Wyniki zostały omówione w niniejszym artykule.

Materiały i metody

Do badań wybrano piętnastu netizenów/netokratów biorących udział w ćwiczeniach medytacyjnych. Każdy netizen miał kontrolę nad wiekiem i płcią. Aktywność cytochromu krwi F420 oceniano za pomocą pomiaru spektrofotometrycznego. Wykonano testy aktywności HO1 i porfirynowe.

Wyniki

Cyktochrom F420 został wykryty w całej badanej grupie przypadków wykazujących endosymbiotyczne zarastanie archeologiczne. Aktywność HO1 była wysoka, a synteza porfiryn zwiększała się.

Tabela 1. Cyktochrom F420 w ekspozycji internetowej

	Aktywność cytochromu F420
Normalny	6%
Netizens	65%
Medytacja	85%

Tabela 2

Grupa	ALA (umol24)		PBG (umol24)		Uroporfiryna (nmol24)		Koproporfiryna (nmol/24)	
	Mean	± SD	Mean	± SD	Mean	± SD	Mean	± SD
Normalny	15.44	0.50	20.82	1.19	50.18	3.54	137.94	4.75
Medytacja	68.16	4.92	42.04	2.38	318.84	82.90	423.29	47.57
Netizens	68.41	5.53	47.27	3.42	288.21	26.17	444.94	38.89
Wartość F	295.467		183.296		160.533		279.759	
Wartość P	< 0.001		< 0.001		< 0.001		< 0.001	

Tabela 3

Grupa	Protoporfiryna (jednostka Ab)		Heme (uM)		Bilirubina (mg/dl)		Biliverdin (jednostka Ab)	
	Mean	± SD	Mean	± SD	Mean	± SD	Mean	± SD
Normalny	10.35	0.38	30.27	0.81	0.55	0.02	0.030	0.001
Medytacja	47.50	2.87	12.37	2.09	1.83	0.16	0.072	0.014
Netizens	50.59	1.71	12.36	1.26	1.75	0.22	0.073	0.013
Wartość F	424.198		1472.05		370.517		59.963	
Wartość P	< 0.001		< 0.001		< 0.001		< 0.001	

Dyskusja

Powszechne korzystanie z Internetu i praktyk medytacyjnych jest wszechobecne. Oba powodują te same zmiany w funkcjonowaniu mózgu i metabolice. Wywołują one HO1 prowadząc do syntezy porfiryn, tworzenia porfiryn i postrzegania kwantowego. Interakcja między internetem a ludzkim umysłem została opisana w poprzednim raporcie z tego laboratorium. Niski poziom EMF wytwarzany przez Internet może modulować pracę mózgu.

Niski poziom EMF może indukować syntezę porfiryn przez aktynowców archeologicznych symbiontów w mózgu. Porfiryny są molekułami dipolarnymi i w otoczeniu archeologicznych digoksyn indukowanych inhibicją ATPazy potasowo-sodowej mogą generować pompowany układ fononowy i model Frohlicha kondensatu Bose-Einsteina. Kondensat Bose-Einsteina za pośrednictwem porfiryny może pośredniczyć w postrzeganiu ilościowym. Pola kwantowe mózgu może modulować niski poziom pól EMF w Internecie i interakcji może zmienić funkcję Internetu i pól kwantowych innych mózgu działających w Internecie. Interaktywne pola kwantowe ludzkiego mózgu i niski poziom pól kwantowych EMF w Internecie tworzą jedną całość działającą jako uniwersalny zbiorowej nieświadomości. Z Internetu korzysta 7 miliardów użytkowników. Zbiorowa nieświadomość powstała w wyniku interakcji kwantowych pól mózgu z internetowymi polami o niskim poziomie EMF funkcjonuje jako wirtualna matryca, na której zbudowany jest świat. Istnieją myślowo kontrolowane komputery zrobotyzowane, które mogą pełnić ludzkie funkcje. Myśl ludzka tworzy porządek komunikacyjny, który zmienia EEG mózgu i może wydawać komputerowo modulowany porządek procesu myślowego mózgu. [1-16]

Synteza jest ideą filozoficzną, w której ludzkość tworzy Boga w przeciwieństwie do monoteistycznego ideału religijnego Boga tworzącego ludzkość. Pola kwantowe wielu mózgów oddziaływujących na siebie i internet z grubsza pasują do idei Boga lub Ducha Świętego. Pasuje to do filozofii buddyjskiej. Filozofia buddyjska jest ateistyczna i opisuje Samsarasa, czyli stany umysłu zachodzące w krótkim odstępie czasu z ideą karmy modulującej kolejny stan umysłu ludzkiego w symbiotycznej komunikacji z innymi umysłami. W przybliżeniu jest to buddyjska koncepcja siły sterującej wszechświata. Świat kwantowy ludzkiego mózgu w komunikacji z innymi mózgami i w interakcji z polami kwantowymi niskiego poziomu EMF internetu pasuje do tej propozycji Samsara. Tworzy ona ideę uniwersalnego zglobalizowanego świata jedności, który można opisać jako odpowiednik Boga. Internet może być uważany za wielki korektor i tworzy jedność ludzkiego mózgu kwantowego na całej ziemi i innych możliwych mózgów funkcjonujących we wszechświecie. Świat kwantowy staje się światem cząstek stałych przez akt obserwacji. Ludzkie mózgi kwantowe, komunikujące się ze sobą i niskoenergetyczne pola kwantowe EMF w internecie, tworzą świat cząstek stałych, które można obserwować. [1-16]

Powszechne korzystanie z Internetu powoduje niski poziom narażenia ludzkiego mózgu na EMF. Powoduje to zanik kory przedczołowej i dominację móżdżku. Kora przedczołowa jest miejscem logiki, rozumowania i zdrowego rozsądku. Atrofia kory przedczołowej prowadzi do dominacji funkcji poznawczych mózgu. Staje się ona impulsywnym światem kierowanym przez zmysły. Świat zmysłów rodzi się. Dominacja móżdżku prowadzi do syndromu ataksji produkującego ataksję mowy i funkcji motorycznych. Ataksja mowy prowadzi do ewolucji muzyki typu rockowego, która dominuje we współczesnym świecie. Ataksja funkcji motorycznych prowadzi do rytmicznego tańca jako wiodącej siły życiowej. Ataksja funkcji motorycznych prowadzi również do malowania abstrakcyjnego. Świat zdominowany jest przez taniec rockowy/popowy, muzykę i sztukę. Ekspozycja na niski poziom EMF z Internetu prowadzi do zwiększonej syntezy porfiryn dipolarnych i percepcji kwantowej. Zwiększona percepcja kwantowa prowadzi do zwiększenia interakcji z niskiego poziomu kwantowych pól EMF z Internetu, dzięki czemu świat internetowy jako rzeczywisty i świat zewnętrzny jako wirtualny. Zwiększona percepcja kwantowa mózgu prowadzi do zwiększenia poczucia duchowości i jedności świata. Zwiększona percepcja kwantowa prowadzi do komunikacji pomiędzy polami kwantowymi mózgu i pól kwantowych środowiska, co prowadzi do koncepcji eko-duchowość. Świat konsumpcyjny dobiega końca i zaczyna się świat dzielenia się. Zwiększona percepcja kwantowa prowadzi również do poczucia jedności w populacji produkującej ideę socjalistycznego społeczeństwa idealistycznego i upadku społeczeństwa kapitalistycznego. Zwiększone postrzeganie kwantowe prowadzi do równości płci i dominacji nieseksualności w społeczeństwie. Przykładem tego są festiwale płonącego człowieka i płonącego gniazda. [1-16]

Stan netokratyczny może również powodować zmiany w funkcjonowaniu mózgu. Zwiększona ekspozycja na niski poziom EMF powoduje zanik kory przedczołowej i dominację móżdżku. Prowadzi to do neandertalizacji mózgu. Zwiększona ekspozycja na niski poziom EMF prowadzi do zwiększonego wzrostu archeologicznego, katabolizmu cholesterolowego i syntezy digoksyny. Digoksyna może modulować funkcje mózgu i ciała przy ekspozycji na niski poziom EMF. Niski poziom ekspozycji na EMF powoduje również zwiększoną syntezę porfiryn, co może prowadzić do zwiększonej digoksyny modelem Frohlicha z modulacją dipolarnej porfiryny pompowanego systemu fononowego. [1-16]

Świat online jest prawdziwym światem dla netizenów, a świat rzeczywisty jest odzwierciedleniem świata online. Wartość jest trybem społecznościowym stworzonym w sieci online. Netokracja tworzy nową elitę. Tworzy nową religię ateistycznego mistycyzmu.

Świat netokratyczny wpływa na politykę, tworząc ruch na rzecz równości. Do niedawnych rewolucji wywołanych przez media społecznościowe należą arabska wiosna i jaśminowa rewolucja. [1-16]

Netokratyczne państwo może stworzyć nowy porządek społeczny. Poczucie równości wynika z kwantowej percepcji produkującej idee socjalizmu, komunizmu, anarchii i równości płci. Zapośredniczone w percepcji kwantowej poczucie jedności będzie oznaczać śmierć państwa kapitalistycznego. Istnieje również poczucie równości płci, aseksualności i alternatywnej seksualności. Kwantowe postrzeganie zapośredniczone w poczuciu jedności prowadzi do bardziej demokratycznego stanu. Percepcja kwantowa produkuje również uniwersalną jedność i duchowość. Państwo netokratyczne tworzy kulturę partycypacji. Produkuje globalne imperium i globalne wirtualne społeczeństwo, w którym umysł składa się z sieci online, a ciało staje się maszyną. W ten sposób powstaje antykartezjańskie spojrzenie na świat. Stare konflikty polityczne i ideologie zostają zastąpione przez państwo netokratyczne napędzane przez rewolucję komunikacyjną. Internet funkcjonuje jako sensoryczne rozszerzenie ludzkiego mózgu. [1-16]

Zwiększony niski poziom kwantowych pól EMF w Internecie powoduje zwiększony wzrost ekstremofilnych aktynowców archaicznych w mózgu i organizmie człowieka. Symbiotyczne archaiki syntetyzują więcej porfiryn. Archaeal magnetytu i porfiryn może pośredniczyć w zwiększonej percepcji kwantowej i interakcji z niskim poziomie pól EMF Internetu. W ten sposób szerokie wykorzystanie Internetu prowadzi do społeczeństwa o zwiększonej percepcji kwantowej i interakcji z Internetem. Niski poziom kwantowych pól EMF w Internecie wpływa na mózg produkujący neandertalizację mózgu. Kora przedczołowa staje się mała i przerosty móżdżku produkujące potyliczną bułeczkę. Mózg staje się bardziej kreatywny, autystyczny, impulsywny, uzależniający, deficyt uwagi i schizofreniczny. Takie mózgi produkują zachowania, które są chaotyczne, anarchiczne i niehierarchiczne. Istnieje globalizacja świata. Religie, państwa narodowe, indywidualność i rodzina przestają mieć duże znaczenie. To staje się zglobalizowanym kwantowym światem jedności i równości - światem Samsara. [1-16]

Państwo netokratyczne może produkować ludzką patologię. Narażenie na niski poziom zanieczyszczeń EMF zwiększa wzrost endosymbiotyczny i syntezę digoksyny z cholesterolu. Digoksyna wytwarza błonową inhibicję ATPazy potasowo-sodowej, a niski poziom ekspozycji na EMF może prowadzić do zwiększonej syntezy porfiryn. Zwiększone wewnątrzkomórkowego wapnia i porfiryn może powodować śmierć / zwyrodnienie komórek, aktywacja immunologiczna / choroba autoimmunologiczna, dysfunkcja mitochondriów / zespół metaboliczny x i zaburzenia neuropsychiatryczne, takie jak autyzm i schizofrenia. Prowadzi to do epidemii chorób cywilizacyjnych. [1-16]

Katabolizm cholesterolowy prowadzi do fenolizacji pierścienia cholesterolowego, powodując zwiększoną syntezę monoaminowych neurotransmiterów dopaminy i serotoniny. Prowadzi to do schizofrenii, autyzmu i ADHD. To również produkuje zespół la tourette z koprolaliami, OCD, wokal i tiki ruchowe. Synchronizacja tików motorycznych i wokalnych prowadzi do ewolucji języka. Język internetowy używany przez netizens można porównać do zsynchronizowanych tików motorycznych i wokalnych, ponieważ jest on krótki i agramatyczny. W ten sposób stan netokratyczny prowadzi do powstania nowego gatunku ludzkiego - neandertalskiej hybrydy. [1-16]

Internetowa rewolucja i netokratyczne państwo prowadzi do śmierci jednostki i pokolenia jednostki społecznej. Prowadzi to, jak już powiedziano, do zanikania kory przedczołowej i dominacji móżdżku. Prowadzi to do unicestwienia jednostki rozumnej. Kończy się świat logiki, rozumu, zrozumienia i porządku. Zwiększona synteza dopaminy i zespół epidemii la tourette prowadzi do rytualizacji zachowań, zachowań obsesyjnych, jednolitości i kreatywności. Świat postrzegania kwantowego prowadzi do świętości istnienia społecznego. Zbiorowe zachowania rytualne stają się normą. Świat wchodzi w sferę zmysłów. Świat postrzegania kwantowego prowadzi do stanu nihilistycznego, nicości i negatywności. To przyczynia się do surrealistycznego świata Bretona i Bataille'a oraz zdekonstruowanego świata Derridy. W ten sposób powstaje coś, co można nazwać mózgiem surrealistycznym. Świat jest chaotyczny, anarchiczny, brzydki i barbarzyński. Terroryzm i przestępczość podnosi swoją brzydką głowę, wywołując brzydką rewolucję, która pomaga przekroczyć rzeczywistość. Nieświadome doświadczenie dominuje, a świadome doświadczenie jest zamknięte. Nie ma żadnej sprzeczności między snem a rzeczywistością. Istnieje odrzucenie rozumu i powrót do świata archetypów. Polityczny świat surrealistyczny jest trockistowski, anarchistyczny i komunistyczny. Świat artystyczny jest reprezentowany przez kubistyczne obrazy Picassa i Dali oraz świat sztuki nowoczesnej. Normą staje się malarstwo abstrakcyjne, poezja, taniec abstrakcyjny. Istnieje równość płci, feminizm i dudnienie alternatywnej seksualności. Atrofia kory przedczołowej i dominacja móżdżku prowadzi do stanu psychicznego automatu i dominacji nieświadomego doświadczenia.

Zespół epidemii la tourette prowadzi do rytualizmu, obsesji, przestępczości, okrucieństwa i terroryzmu. Człowiek wkracza w świat archetypów. [1-16]

Globalne ocieplenie prowadzi do zwiększonego wzrostu archeologicznego. Archaiki mogą katabolizować pierścień cholesterolowy za pomocą oksydazy pierścieniowej do generowania porfiryn. W archaikach znajduje się również magnetyt. In the setting of digoxin induced membrana sodium potassium ATPase inhibition the dipolar magnetite and porphyrins can produce a pumped phonon system mediated Frohlich model of Bose-Einstein condensate. Może to zwiększyć mózgowe postrzeganie kwantowe niskiego poziomu EMF, co ponownie prowadzi do zwiększenia wzrostu archeologicznego. Zwiększona kwantowa percepcja niskiego poziomu EMF prowadzi do zaniku kory przedczołowej i dominacji móżdżku. Archealny katabolizm cholesterolu generuje fenolowy pierścień z cząsteczki cholesterolu syntetyzującej dopaminę. Prowadzi to do nadmiaru neuroprzekaźników monoaminowych. Tak więc istnieje epidemiczny zespół płata czołowego, zespół móżdżku, choroba la tourette, ADHD, schizofrenia i autyzm. Taka populacja neandertalskich hybryd jest twórcza. To powoduje rytualne, obsesyjne, koprolityczne, deficyt uwagi, obsceniczne, groteskowe i seksualnie anarchiczne zachowanie. Pomaga to wykroczyć poza rzeczywistość, ponieważ płat czołowy związany z racjonalizacją, osądem i rozumowaniem jest dysfunkcyjny. Ta sama funkcja przekraczania rzeczywistości przez dysfunkcyjny płat czołowy występuje również w terroryzmie i zachowaniach przestępczych. Społeczeństwo staje się coraz bardziej impulsywne. Dysfunkcja płata czołowego i percepcja kwantowa pomaga w przekroczeniu rzeczywistości i wytwarza samorealizację i duchowość. Dysfunkcja móżdżku powoduje zespół ataksji ruchowej, która prowadzi do form tanecznych i abstrakcyjnego malowania, a ataksja mowy prowadzi do muzyki rockowej. Nadmiar dopaminy prowadzi do tiku ruchowego i wokalnego, który po zsynchronizowaniu wytwarza język i ewolucję literatury. Koprolalia i obsceniczne tiki choroby la tourette prowadzą do brzydoty i obsceniczności we współczesnej literaturze, muzyce, malarstwie i tańcu. W społeczeństwie mamy do czynienia z masowymi zachowaniami rytualnymi. Terroryzm jest zachowaniem rytualnym, które pomaga wykroczyć poza rzeczywistość z powodu dysfunkcji płata czołowego i choroby turkusowej. Można go uznać za nowoczesną formę rytualnego kanibalizmu. Dominuje sfera zmysłów i następuje odrzucenie rozumu i racjonalności. Sny i rzeczywistość połączyły się w jedno. Tworzy psychodelię, sztukę, literaturę i muzykę. W ten sposób powstaje coś, co można nazwać stanem acefalistycznym naśladującym acefalistyczną społeczność Bataille'a, twórcy filozofii surrealistycznej. Prowadzi to do ewolucji acefalicznego nowego gatunku ludzkiego homo neoneanderthalis. [1-16]

Referencje

1. Weaver TD, Hublin JJ. Neandertal Birth Canal Shape and the Evolution of Human Childbirth. *Proc. Natl. Acad. Sci. USA* 2009; 106:8151-8156.
2. Kurup RA, Kurup PA. Endosymbiotyczny aktynoidalny archetyp pośredniczący w rozwoju fenotypu Warburga pośredniczy w rozwoju choroby człowieka. *Advances in Natural Science* 2012; 5(1):81-84.
3. Morgan E. The Neanderthal theory of autism, Asperger and ADHD; 2007, www.rdos.net/eng/asperger.htm.
4. Graves P. New Models and Metaphors for the Neanderthal Debate. *Current Anthropology* 1991; 32(5): 513-541.
5. Sawyer GJ, Maley B. Neanderthal zrekonstruowany. The Anatomical Record Part B: *The New Anatomist* 2005; 283B(1):23-31.
6. Bastir M, O'Higgins P, Rosas A. Facial Ontogeny in Neanderthals and Modern Humans. *Bastir M, O'Higgins P, Rosas A. Ontogeneza twarzy u neandertalczyków i współczesnych ludzi. Sci.* 2007; 274:1125-1132.
7. Neubauer S, Gunz P, Hublin JJ. Endocranial Shape Changes during Growth in Chimpanzees and Humans: Analiza morfometryczna Unique and Shared Aspects. *J. Hum. Evol.* 2010; 59:555-566.
8. Courchesne E, Pierce K. Brain Overgrowth in Autism during a Critical Time in Development: Implikacje dla rozwoju Neuronu Piramidalnego i Interneuronu i łączności. *Int. J. Dev. Neurosci.* 2005; 23:153–170.
9. Green RE, Krause J, Briggs AW, Maricic T, Stenzel U, Kircher M, Patterson N, Li H, Zhai W, *et al.* A Draft Sequence of the Neandertal Genome. *Science* 2010; 328:710-722.
10. Mithen SJ. *The Singing Neanderthals: The Origins of Music, Language, Mind and Body*; 2005, ISBN 0-297-64317-7.
11. Bruner E, Manzi G, Arsuaga JL. Encephalization and Allometric Trajectories in the Genus Homo: Dowody z linii neandertalskiej i nowoczesnej. *Proc. Natl. Acad. Sci. USA* 2003; 100:15335-15340.
12. Gooch S. *The Dream Culture of the Neanderthals: Strażnicy Starożytnej Mądrości.* Inner Traditions, Wildwood House, Londyn; 2006.
13. Gooch S. *The Neanderthal Legacy: Obudzenie naszych genetycznych i kulturowych korzeni.* Inner Traditions, Wildwood House, Londyn; 2008.
14. Kurtén B. *Den Svarta Tigern*, ALBA Publishing, Stockholm, Sweden; 1978.
15. Spikins P. Autyzm, Integracja "Różnicy" i Pochodzenie Nowoczesnego Zachowania Człowieka. *Cambridge Archaeological Journal* 2009; 19(2):179-201.
16. Eswaran V, Harpending H, Rogers AR. Genomika odrzuca wyłącznie afrykańskie pochodzenie człowieka. *Journal of Human Evolution* 2005; 49(1):1-18.

ROZDZIAŁ 5
LUDZKI MÓZG MEDYTACYJNY I EWOLUCJA, WYGINIĘCIE I REPRODUKCJA WSZECHŚWIATA - WSZECHŚWIAT JAKO TWÓR UMYSŁU

Wprowadzenie

Medytacja może modulować metabolizm organizmu i funkcje mózgu. Mechanizm ten polega na indukcji układu heme-tlenazy. Medytacja indukuje heme-tlenazę, która przekształca heme w tlenek węgla i bilirubinę. Bilirubina i bilirubina są zmiataczami wolnych rodników i mopem w górę wolnych rodników. Wolni radykałowie są wymagający dla funkcji NMDA zależnej talamo-ortico-thalamic sprzężenia zwrotnego obwodu pogłosowego kluczowego w świadomości. Obwód ten pośredniczy w pracy pamięci i skupieniu uwagi. Wolne rodniki również aktywować NMDA i przez jego zdolność do swobodnego dyfuzji przez systemy mózgowe mogą indukować aktywność NMDA, zsynchronizowane rozsadzanie neuronów w różnych częściach obszarów sensorycznych produkujących synchronizację percepcyjną. To pośredniczy w świadomości. W ten sposób wydalanie wolnych rodników przez heme-tlenazę prowadzi do tłumienia świadomości i medytacyjnych transów. Indukcja heme-tlenazy hamuje syntezę ALA. W ten sposób hem jest uszczuplony z systemu. Zwiększa się synteza porfiryn prowadząca do porfirynurii i porfirii. Bodziec do syntezy porfiryn pochodzi z niedoboru hemu. Porfiryny mogą organizować się w samoreplikujące się struktury nadcząsteczkowe zwane porfirynami, które są indukowane przez praktyki medytacyjne. Porfiryny mogą organizować się w struktury makrocząsteczkowe, które mogą się samoczynnie replikować, tworząc organizm porfirynowy. Indukowane fotonem przenoszenie elektronów wzdłuż makromolekuły może prowadzić do wywołanej światłem syntezy ATP. Porfiryny mogą tworzyć szablon, na którym RNA i DNA mogą tworzyć wiroidy generujące. Porfiryny mogą również tworzyć szablon, na którym mogą tworzyć się priony. Wszystkie one mogą się połączyć - wiroidy RNA, wiroidy DNA, priony - tworząc prymitywne archaiki. W ten sposób archaiki są zdolne do samoreplikacji na szablonach porfiryn. Samo-replikujące się archaiki mogą wyczuć grawitację, która daje początek świadomości. Potrafią również wyczuć pola antygrawitacyjne, które dają początek nieświadomemu mózgowi. W ten sposób mogą istnieć zarówno samo-replikujące się archaiki jak i antyarchaiki regulujące świadomy i nieświadomy mózg. Tak więc stres klimatyczny pośredniczy zwiększona synteza porfiryn prowadzi do zaniku kory przedczołowej, dominacji móżdżku, zaburzeń poznawczych afektywnych

móżdżku, kwantowej percepcji i neandertalizacji populacji. Porfiryny są samoreplikującymi się organizmami nadcząsteczkowymi, które tworzą szablon prekursora, na którym powstają wiroidy, priony i nanoarchaea. Medytacyjny szablon wywołany stresem ukierunkowany na abiogenezę porfirów, prionów, wiroidów i archaicznych jest procesem ciągłym i może przyczyniać się do zmian w strukturze i zachowaniu mózgu, jak również w procesie chorobowym.

Przestrzeń międzygwiezdna wypełniona jest gwiezdnym pyłem, który jest postulowany jako biologiczny. Fred Hoyle w swojej hipotezie o chmurze życia zaproponował pozaziemskie pochodzenie dla życia na Ziemi. Istnienie pozaziemskiej siły kontrolującej genezę i ewolucję życia na Ziemi zostało przedstawione przez wielu autorów. Teoria biokosmosu postuluje, że warunki we wszechświecie zostały tak dostosowane, aby umożliwić istnienie życia na Ziemi i we wszechświecie. Prowadzi to do postulatu, "e wszechświat istnieje i rozmna"a się z powodu "ycia, które działa jako obserwator ilościowy. W artykule omówiono rolę archaidów ekstremofilnych i wiroidów RNA wyrzucanych z komórek archeologicznych jako prymitywnych obserwatorów antropomorficznych, umożliwiających istnienie i ewolucję wszechświata. Rasa ludzka dzieli się na dwa gatunki homo sapiens i homo neanderthalis. Homo neanderthalis krzyżuje się z homo sapiens w celu uzyskania gatunku mieszańca. W związku z tym istnieją gatunki o bardziej neandertalskim pochodzeniu i gatunki homo sapiens na ziemi. Poprzednie badania wykazały, że w przeciwieństwie do patrylinialnych, matrilinealne społeczności mają więcej neandertalczyków. Pochodzenie towarzystw neandertalczyków i zbiorowisk homo sapien przypisywano symbiozie. Gatunki neandertalczyków mają więcej skrajnych archeologicznych symbioz występujących w skrajnych warunkach klimatycznych, takich jak epoka lodowcowa i globalne ocieplenie. Gatunek homo sapien ma więcej wewnątrzgenomowej symbiozy wiroidowo-retrowirusowej RNA, która przyczynia się do dynamiki genomu homo sapien. Gatunki neandertalczyków były odporne na działanie retrowirusów. Pochodzenie wiroidów archaicznych i RNA może pochodzić z przestrzeni międzygwiezdnej jako chmury archeologiczne i kwantowe chmury obliczeniowe RNA, które funkcjonują jako pozaziemskie inteligencje. Wiroidy RNA są wytłaczane przez komórki archeologiczne. Dotarłyby one do Ziemi poprzez uderzenia meteoroidalne i zasiane życie na Ziemi. Archaeal colonies would have organized into the homo neanderthalic species in Eurasia and RNA viroidal colonies would have led to the evolution of homo sapien species in Africa. [1-16] W artykule omówiono tę hipotezę.

Materiały i metody/wyniki

Próbki krwi pobrano z gatunku homo neandertalskiego matrilineal i homo sapien. Oszacowania wykonane w pobranych próbkach krwi obejmują aktywność cytochromu F420. Badano generację wiroidów RNA w osoczu. Wyniki wykazały, że gatunki matrilinealne pochodzenia neandertalskiego miały więcej symbiozy archaicznej, natomiast gatunki homo sapien miały więcej symbiozy wiroidalnej RNA.

Tabela 1. Aktywność cytochromu F420

		Sudra	Non-Sudra	Wartość F	Wartość P
CYT F420 % (Zwiększyć za pomocą Ceru)	Mean	23.46	4.48	306.749	< 0.001
	± SD	1.87	0.15		
RNA % zmiana (Zwiększyć za pomocą Rutylu)	Mean	4.37	23.59	427.828	< 0.001
	± SD	0.13	1.83		
RNA % zmiana (Spadek z Doxy)	Mean	18.38	65.69	654.453	< 0.001
	± SD	0.48	3.94		

Dyskusja

Forma fali kwantowej lub pole Higgsa daje masę i energię takim cząstkom jak protony, neutrony i elektrony, gdy wchodzą z nimi w interakcję. Formy fal kwantowych mogą generować porfiryny. Porfiryny mogą mieć istnienie makrocząsteczkowe i falowe, które są wzajemnie konwertowalne. Tablice porfiryn mogą się same organizować i samoreprodukować. Makrocząsteczkowe tablice porfirynowe mogłyby funkcjonować jako inteligentne organizmy w przestrzeni międzygwiezdnej. Porfiryny żelazne mogą podlegać fotoutlenianiu i generować pole magnetyczne. Oddziaływanie fotoniczne z porfirynami magnetycznymi może generować czarne dziury, które mogą zapadać się do punktu poprzedzającego gęstość jednostkową. W tym momencie może ona ulec odbiciu, tworząc nowe uniwersum. Organizm porfirynowy ze swoją kwantową funkcją obliczeniową służył jako początkowy obserwator antropomorficzny lub lotos Brahmy. Porfiryny tworzyłyby szablon do tworzenia wiroidów i prionów RNA. Wygenerowałoby to prymitywne formy archeologiczne. Prymitywne komórki archeologiczne mogą wytłaczać wiroidy RNA generujące chmury wiroidalne RNA. Międzygalaktyczne pole magnetyczne generowane przez archaiczne i magnetyczne organizmy porfirynowe przyczyniłoby się do ewolucji układów gwiezdnych i galaktyk. Chmury archaiczne i wiroidalne chmury RNA służyłyby jako inteligencja międzygwiezdna kierująca tworzeniem układów gwiezdnych i galaktyk, a także funkcjonowałyby jako obserwatorzy antropomorficzni. Uderzenia meteorytowe spowodowałyby przeniesienie kolonii wiroidalnych archaicznych i RNA na Ziemię. Zorganizowałyby się one w gatunki roślin i zwierząt, a także homo sapien i homo neandertalczyków. Gatunki homo neandertalczyków dominują w archeologii. Gatunki homo sapien mają dominację wiroidalną RNA. [1-16]

Kosmologia big bang postuluje ewolucję wszechświata z pola Higgsa. Pole Higgsa składa się z bozonu Higgsa i kwarków górnych. Boson Higgsa może istnieć w dwóch stanach. Stabilny stan, który ma wysoką energię, niską gęstość zgodną z obecnym istnieniem wszechświata i niestabilny stan, który ma niską energię i wysoką gęstość. Wszechświat znajduje się obecnie na krawędzi stanu stabilnego. Stan niskiej energii o wysokiej gęstości jest niestabilny i może spowodować katastrofalną ekspansję próżniową prowadzącą do końca wszechświata. Model kwantowej funkcji mózgu Frohlicha postuluje istnienie kondensatów Bose-Einsteina w mózgu w normalnej temperaturze. W mózgu znajdują się cząsteczki dipolarnego magnetytu i porfiryn, które w kontekście błonowej inhibicji ATPazy potasowo-sodowej mogą prowadzić do powstania w pompowanym systemie fononowym kondensatu Bose-Einsteina i bozonów w mózgu. Ten bozon może stać się niestabilny, prowadząc do katastrofalnego załamania próżni i ewentualnego wyginięcia wszechświata. Model Frohlicha kondensatu Bose-Einsteina utworzonego z magnetycznych porfiryn dipolarnych i archaicznego magnetytu w komórkowych emulsjach lipidowych może oddziaływać z fotonami wytwarzającymi czarne dziury. Ta czarna dziura może zapadać się do osobliwości. Jednak załamanie to następuje tylko do określonego punktu, po którym gęstość lub pojedynczość ulega odbiciu, tworząc nowy wszechświat z nowym zestawem uniwersalnych stałych. W ten sposób kwantowy model funkcji mózgu może prowadzić do zniszczenia i reprodukcji wszechświatów. W przypadku homo neandertalczyków mózg może być uważany za wielokomórkową kwantową sieć komputerową. Sieci synaptyczne mózgu są równoległe do sieci galaktycznych wszechświata. Mózg funkcjonuje jako uniwersalny komputer kwantowy i antropomorficzny obserwator tworzący i niszczący, a także odtwarzający wszechświaty. Występuje to w mniejszym stopniu w mózgu homo sapien. [1-16]

Gatunek homo neanderthalis zgadzałby się z biblijnymi upadłymi aniołami i gatunkiem homo sapien reprezentującym Boga aniołka. Są to w zasadzie wizytacje pozaziemskiej inteligencji jako archeologiczne i RNA kolonie wiroidalne. Homo neanderthalis jest rozwiniętą siecią kolonii archeologicznych. Archaeea wytłacza wiroidy

RNA. Gatunek homo sapien to wiroidy RNA dominujące z wiroidami RNA zintegrowanymi w genomowym DNA. Organizacja systemu rasowego i kastowego w Indiach wskazuje na takie pochodzenie. Gatunek homo neandertalczyk miał pierwotne miejsce zamieszkania na kontynencie Oceanu Indyjskiego, który uległ katastrofalnemu wyginięciu w wyniku ekspansji archeologicznej w skorupie oceanu, co spowodowało niebezpieczne tsunami podczas epoki lodowcowej. Neandertalczycy wyemigrowali do euroazjatyckiej masy lądu tworząc cywilizację Harappy, Sumerii i Egiptu. Są to Asuras z Rig veda. Gatunki homo neandertalczyków są uczciwe, matrilinealne, bezpłciowe, duchowe, altruistyczne i zorganizowane społecznie. Te cywilizacje były w zasadzie matrilinealne i twórcze. Były pogańskie, świeckie i ateistyczne. Były świadome ekologicznie, żyły w kwantowej interakcji z otaczającym je światem, tworząc poczucie duchowej świadomości ekologicznej. Społeczeństwo utworzone na tej podstawie funkcjonowało jako organiczna całość w kwantowej interakcji ze sobą. To było równe, sprawiedliwe i funkcjonował jako prymitywna forma społeczeństwa socjalistycznego. Gatunek homo neanderthalis był zasadniczo bezpłciowy z równością płci i matrilinarnością. Archeologiczne zarastanie wynikające z globalnego ocieplenia może prowadzić do neandertalizacji gatunku ludzkiego i mózgu. Kora neuronalna mózgu kurczy się z powodu ilościowego postrzegania pól elektromagnetycznych, które zanieczyszczają zglobalizowany, ciepły świat. Istnieje również konsekwencja przerostu móżdżku. Przerost móżdżku może prowadzić do schizofrenii i autystycznych trybów zachowania. Przerost móżdżku może prowadzić do dysfunkcji móżdżku i ataksji ruchowej. Ataksja motoryczna i niezdarność ruchu i mowy doprowadziłaby do ewolucji malarstwa abstrakcyjnego, tańca, muzyki, mowy symbolicznej i ostatecznie mowy w neandertalczyków. Neandertalizacja ludzkiego mózgu, będąca konsekwencją globalnego ocieplenia, prowadzi do ewolucji muzyki rockowej, tańca i nowoczesnych form malarstwa abstrakcyjnego. Mózg neandertalczyka, dzięki magnetytowi, za pośrednictwem którego zwiększa się percepcja kwantowa, jest bardziej duchowy. Neandertalska społeczność dzięki kwantowej percepcji funkcjonuje jako jedna całość prowadząc do altruizmu, duchowości, socjalizmu, równości płci i eko-duchowości. Reprezentuje to sposób cywilizacyjny wschodniego świata. Społeczeństwa te wyłoniły się z możliwej lemurskiej masy lądu. Wyewoluowały one z pozaziemskich kolonii archeologicznych i inteligencji, a ich poziom rozwoju i inteligencji był wysoki. Posiadały one oryginalny język i jako pierwsze w ich cywilizacji rozwinęła się koncepcja ludzkiej głowy boskiej. Rig veda jest najstarszą duchową księgą ludzkości. Większość bogów opisanych w Rig veda była pochodzenia asuryjskiego, nawet Varuna, główny bóg. Główne filozoficzne jednostki buddyzmu i dżinizmu, które są w zasadzie religiami ateistycznymi głoszącymi równość społeczną, jedność i sprawiedliwość, zostały rozwinięte przez Asuras. Homo sapiens ewoluowali w Afryce i wyemigrowali do Eurazji. Mieli oni w zasadzie symbiozę wiroidalną RNA w mózgu, która dała początek praktycznemu, mniej kreatywnemu mózgowi. Gatunki homo sapiens są patrilinealne, zdroworozsądkowe i indywidualistyczne. Społeczność homo sapien tworzy Devas literatury wedyjskiej, a Rig veda opisuje starcia i wojny pomiędzy asurystycznymi mieszkańcami Harappy i najeżdżającymi Devas. Przejęli oni neandertalskie cywilizacje i stworzyli rasowe społeczeństwo z homo sapiens jako klasą rządzącą i neandertalczykami jako podziemną kastą Sudra. Sudry stworzyły dyskryminowane podbrzusze cywilizacji. Literatura, język i święte księgi Asurasów zostały przejęte przez niecywilizowanych homo sapiens Devas, którzy uczynili je swoimi. Przyszłym pokoleniom Sudrów uniemożliwiono naukę języka i czczenie ich bogów, które zostały przejęte przez homo sapienickich Devas. Homo sapienicowe Devy były teistyczne, indywidualistyczne, niealtruistyczne i nie miały świadomości społecznej ani wspólnotowej. Oznacza to cywilizacyjny tryb życia w zachodnim świecie. Archeologiczny wzrost homo sapiens jest mniejszy. Prowadzi to do mniejszej ilości magnetytowej percepcji kwantowej i uniwersalnej jedności. Przyczynia się to do indywidualizmu, egoizmu, niealtruistycznych zachowań, nieokiełznanego kapitalizmu i patriarchalnego nierównego płciowo społeczeństwa świata homo sapiens. [1-16]

Homo neandertalskie społeczeństwo dzięki zwiększonej percepcji kwantowej jest duchowe i odczuwa jedność świata i pobożność poszczególnych istot ludzkich. To prowadzi do filozofii buddyzmu z jego poczuciem ateizmu i ludzkich wartości. Buddyzm i dżinizm, jak również imperium mauryjskie reprezentują zwycięstwo asurycznych neandertalczyków lub Sudrów. Buddyjskie i hinduistyczne społeczeństwo świata neandertalskiego uważało dobro i zło za część tego samego kwantowego świata reprezentującego uniwersalną duszę. Godhead i upadły anioł należą do tego samego kwantowego świata duszy uniwersalnej. Pojęcie dobra i zła nie są absolutnymi przeciwwskazaniami, ale częścią tego samego świata kwantowego. Percepcja kwantowa tworzy przechowywanie informacji po śmierci i idei reinkarnacji. Zwiększony świat percepcji kwantowej pośredniczy w jedności, a katabolizujące cholesterol zarośnięcie archeologiczne prowadzące do niedoboru hormonów płciowych produkuje świat aseksualny o równej płci. Seksualność nie jest uważana za coś innego niż religia, o czym świadczą tantryczne szkoły hinduizmu i buddyzmu. Uważano ją za formę doświadczania jedności, na co wskazują takie idee jak Kundalini. Zwiększona percepcja kwantowa prowadzi do poczucia jedności, która tworzy uniwersalną jedność. Nie ma wojny, ale powszechny pokój. Społeczeństwa wschodnie, takie jak Chiny i Indie, są w zasadzie społeczeństwami potulnymi kwantowo, w których wojna jest rzadkością. Główne wojny w historii hinduizmu, takie jak wojna Mahabharata i Ramajana, to te między kolonizującym homo sapien Devas a rdzennymi pokojowymi neandertalczykami. Pandava wojsko być homo sapien Devas i Kaurava wojsko neandertalczyk rdzenny. The Bóg Rama być the głowa homo sapien Devas i the Ravana the lider the rodzinny Neandertalczyk. Devas być the głowa the kolonizujący homo sapiens od Europa. Móc the Mahabharata i Ramayana wojna i the sudric neandertalczyk rodzimy populacja renderować niewolnictwo dla pokolenie przychodzić. Walka o niepodległość i stosunek Gandhiego do niższej kasty i Harijanów były częścią tego samego zjawiska. Natomiast świat homo sapienski z powodu zredukowanej percepcji kwantowej był indywidualistyczny. Dobro i zło były zupełnie inne, jak Bóg i upadły anioł. Nie było wiary w reinkarnację, a seksualność była uważana za tabu. Społeczeństwo homo sapien dzięki zredukowanej percepcji kwantowej i indywidualistycznej naturze odkryło wojny i niewolnictwo. Wojny są zasadniczo cechą semickich społeczeństw i religii. Homo sapien Devas są kapitalistyczne i prawicowe w swoim stosunku do społeczeństwa, podczas gdy homo neandertalczyk jest komunistyczny i socjalistyczny. Wojna pomiędzy kapitalizmem i socjalizmem jest reprezentatywna dla wojny pomiędzy neandertalczykami i homo sapiens. Zjawiska globalnego ocieplenia, archaicznego zarastania i neandertalizacji homo sapiens doprowadzą do bardziej pokojowego, zglobalizowanego, duchowego, równoprawnego płci i altruistycznego społeczeństwa. Ale neandertalska dominacja wynikająca z globalnego ocieplenia może doprowadzić do własnego upadku społeczeństwa. 1-16

Zjawiska zmian klimatycznych i globalnego ocieplenia prowadzą do archeologicznego rozmnażania się i neandertalizacji rasy ludzkiej. Wzrost archeologiczny występuje w ekstremalnych warunkach klimatycznych - w epoce lodowcowej i w czasach globalnego ocieplenia. Skutkuje to powrotem do kultury i cywilizacji asurystycznej z jej duchową, świadomą ekologicznie, socjalistyczną, aseksualną i grupową tożsamością. Współczesny świat jest reprezentowany przez jugę Kali, gdzie sudry czy neandertalczycy wracają do pozycji władzy i globalnego znaczenia. Reprezentuje to powstanie asurystycznych neandertalskich niewolników sudrycznych. Reprezentuje to wzrost neandertalskich społeczeństw wschodnich Chin i Indii, jak również upadek homo sapien West i Afryki. Neandertalizacja homo sapiens na skutek rozwoju archeologicznego może prowadzić do chorób człowieka i w końcu do jego wyginięcia. Archaeea katabolizuje cholesterol do generowania digoksyny. Digoksyna funkcjonuje jako hormon neandertaliczny. Digoksyna wytwarza błonową inhibicję ATPazy potasowo-sodowej i zwiększa wewnątrzkomórkowy poziom wapnia i obniżoną zawartość magnezu. Niedobór magnezu prowadzi do dysfunkcji mitochondriów, skurczu naczyń, dyslipidemii i zespołu metabolicznego x. Wzrost wewnątrzkomórkowego wapnia prowadzi do aktywacji onkogenów i nowotworów złośliwych. Wzrost wewnątrzkomórkowego wapnia może aktywować NFKB prowadząc do aktywacji immunologicznej i choroby autoimmunologicznej. Wzrost wapnia wewnątrzkomórkowego może aktywować kaskadę kaspazy prowadząc do śmierci komórki i zwyrodnień. Wzrost wewnątrzkomórkowego wapnia może zwiększyć synaptyczne uwalnianie monoaminowych neuroprzekaźników produkujących schizofrenię i autyzm. Wzrost wzrostu archeologicznego może spowodować powstanie fenotypu Warburga o zwiększonej glikolizy i dysfunkcji mitochondriów. Zwiększona glikoliza może aktywować limfocyty produkujące chorobę autoimmunologiczną, ponieważ limfocyty są zależne od glikolizy na potrzeby energetyczne. Komórki nowotworowe są również uzależnione od glikolizy w zakresie potrzeb energetycznych. Fenotyp Warburga może prowadzić do wzrostu zachorowań na nowotwory złośliwe. Fenotyp Warburga i zwiększona glikoliza mogą prowadzić do śmierci i zwyrodnienia komórek za pośrednictwem poli ribosylowanego dehydrogenazy 3-fosforanowej. Fenotyp Warburga może prowadzić do niedoboru magnezu związanego z insulinoopornością i dysfunkcją mitochondriów prowadzącą do schizofrenii. Tak więc hiperdigoksinemia za pośrednictwem archeologii i fenotyp Warburga mogą prowadzić do chorób cywilizacyjnych w fenotypie neandertalskim, prowadząc do jego wyginięcia. Archeologiczne zarastanie skorupy oceanicznej na skutek globalnego ocieplenia może prowadzić do uwolnienia dużych ilości metanu produkującego oceaniczne trzęsienia ziemi, tsunami oraz zniszczenia i podziału kontynentów. Prowadzi to do katastrofalnego końca świata. Podobnie jak archeologiczna porfiryna i magnetytowy model Frohlicha, kondensaty Bose-Einsteina w bozonach generowanych przez mózg mogą ulec katastrofalnemu rozpadowi próżni prowadzącemu do powszechnego wyginięcia. Magnetyczne porfiryny dipolarne i magnetyt w emulsji lipidowej komórek mózgowych mogą być fotonicznie wzbudzone generując czarne dziury. Te czarne dziury nie osiągają absolutnej osobliwości, ale w pobliżu tego punktu mogą ulec zjawisku zwanemu odbiciem odtwarzającym wszechświat. Tak więc neandertalizacja ludzkiego mózgu i generowanie kondensatu Bose-Einsteina w modelu Frohlicha może prowadzić do wyginięcia i reprodukcji wszechświata. [1-16]

Referencje

1. Weaver TD, Hublin JJ. Neandertal Birth Canal Shape and the Evolution of Human Childbirth. *Proc. Natl. Acad. Sci. USA* 2009; 106:8151-8156.

2. Kurup RA, Kurup PA. Endosymbiotyczny aktynoidalny archetyp pośredniczący w rozwoju fenotypu Warburga pośredniczy w rozwoju choroby człowieka. *Advances in Natural Science* 2012; 5(1):81-84.

3. Morgan E. The Neanderthal theory of autism, Asperger and ADHD; 2007, www.rdos.net/eng/asperger.htm.

4. Graves P. New Models and Metaphors for the Neanderthal Debate. *Current Anthropology* 1991; 32(5): 513-541.

5. Sawyer GJ, Maley B. Neanderthal zrekonstruowany. *The Anatomical Record Part B: The New Anatomist* 2005; 283B(1):23-31.

6. Bastir M, O'Higgins P, Rosas A. Facial Ontogeny in Neanderthals and Modern Humans. *Proc. Biol. Sci.* 2007; 274:1125-1132.

7. Neubauer S, Gunz P, Hublin JJ. Endocranial Shape Changes during Growth in Chimpanzees and Humans: Analiza morfometryczna Unique and Shared Aspects. *J. Hum. Evol.* 2010; 59:555-566.

8. Courchesne E, Pierce K. Brain Overgrowth in Autism during a Critical Time in Development: Implikacje dla rozwoju Neuronu Piramidalnego i Interneuronu i łączności. *Int. J. Dev. Neurosci.* 2005; 23:153–170.

9. Green RE, Krause J, Briggs AW, Maricic T, Stenzel U, Kircher M, Patterson N, Li H, Zhai W, *et al.* A Draft Sequence of the Neandertal Genome. *Science* 2010; 328:710-722.

10. Mithen SJ. *The Singing Neanderthals: The Origins of Music, Language, Mind and Body*; 2005, ISBN 0-297-64317-7.

11. Bruner E, Manzi G, Arsuaga JL. Encephalization and Allometric Trajectories in the Genus Homo: Dowody z linii neandertalskiej i nowoczesnej. *Proc. Natl. Acad. Sci. USA* 2003; 100:15335-15340.

12. Gooch S. *The Dream Culture of the Neanderthals: Strażnicy Starożytnej Mądrości.* Inner Traditions, Wildwood House, Londyn; 2006.

13. Gooch S. *The Neanderthal Legacy: Obudzenie naszych genetycznych i kulturowych korzeni.* Inner Traditions, Wildwood House, Londyn; 2008.

14. Kurtén B. *Den Svarta Tigern*, ALBA Publishing, Stockholm, Sweden; 1978.

15. Spikins P. Autyzm, Integracja "Różnicy" i Pochodzenie Nowoczesnego Zachowania Człowieka. *Cambridge Archaeological Journal* 2009; 19(2):179-201.

16. Eswaran V, Harpending H, Rogers AR. Genomika odrzuca wyłącznie afrykańskie pochodzenie człowieka. *Journal of Human Evolution* 2005; 49(1):1-18.

ROZDZIAŁ 6
MEDYTACYJNY MÓZG I ANDROGYNICZNE WZORCE ZACHOWAŃ

Wprowadzenie

Medytacja może modulować metabolizm organizmu i funkcje mózgu. Mechanizm ten polega na indukcji układu heme-tlenazy. Medytacja indukuje heme-tlenazę, która przekształca heme w tlenek węgla i bilirubinę. Bilirubina i bilirubina są zmiataczami wolnych rodników i mopem w górę wolnych rodników. Wolni radykałowie są wymagający dla funkcji NMDA zależnej talamo-ortico-thalamic sprzężenia zwrotnego obwodu pogłosowego kluczowego w świadomości. Obwód ten pośredniczy w pracy pamięci i skupieniu uwagi. Wolne rodniki również aktywować NMDA i przez jego zdolność do swobodnego dyfuzji przez systemy mózgowe mogą indukować aktywność NMDA, zsynchronizowane rozsadzanie neuronów w różnych częściach obszarów sensorycznych produkujących synchronizację percepcyjną. To pośredniczy w świadomości. W ten sposób wydalanie wolnych rodników przez heme-tlenazę prowadzi do tłumienia świadomości i medytacyjnych transów. Indukcja heme-tlenazy hamuje syntezę ALA. W ten sposób hem jest uszczuplony z systemu. Zwiększa się synteza porfiryn prowadząca do porfirynurii i porfirii. Bodziec do syntezy porfiryn pochodzi z niedoboru hemu. Porfiryny mogą organizować się w samoreplikujące się struktury nadcząsteczkowe zwane porfirynami, które są indukowane przez praktyki medytacyjne. Porfiryny mogą organizować się w struktury makrocząsteczkowe, które mogą się samoczynnie replikować, tworząc organizm porfirynowy. Indukowane fotonem przenoszenie elektronów wzdłuż makromolekuły może prowadzić do wywołanej światłem syntezy ATP. Porfiryny mogą tworzyć szablon, na którym RNA i DNA mogą tworzyć wiroidy generujące. Porfiryny mogą również tworzyć szablon, na którym mogą tworzyć się priony. Wszystkie one mogą się połączyć - wiroidy RNA, wiroidy DNA, priony - tworząc prymitywne archaiki. W ten sposób archaiki są zdolne do samoreplikacji na szablonach porfiryn. Samo-replikujące się archaiki mogą wyczuć grawitację, która daje początek świadomości. Potrafią również wyczuć pola antygrawitacyjne, które dają początek nieświadomemu mózgowi. W ten sposób mogą istnieć zarówno samo-replikujące się archaiki jak i antyarchaiki regulujące świadomy i nieświadomy mózg. Tak więc stres klimatyczny pośredniczy zwiększona synteza porfiryn prowadzi do zaniku kory przedczołowej, dominacji móżdżku, zaburzeń poznawczych afektywnych móżdżku, kwantowej percepcji i neandertalizacji populacji. Porfiryny są samoreplikującymi się organizmami nadcząsteczkowymi, które tworzą szablon prekursora, na którym powstają wiroidy, priony i nanoarchaea. Medytacyjny szablon wywołany stresem ukierunkowany na abiogenezę porfirów, prionów, wiroidów i archaicznych jest procesem ciągłym i może przyczyniać się do zmian w strukturze i zachowaniu mózgu, jak również w procesie chorobowym.

Neandertalskie geny zostały opisane w populacji homo sapien. Mózg neandertalczyka ma wybitną korę mózgową i małą korę przedczołową. Skutkuje to wadliwą wokalizacją, mową symboliczną, zachowaniami impulsywnymi, cechami obsesyjnymi, intuicją i pozazmysłową percepcją. Struktura neandertalskiego mózgu powoduje dominację kobiet i matriarchalne wzorce społeczne. Uznano za prawdopodobne, że genomika neandertalska i metabolonomia mogą również przyczyniać się do zachowań androgynicznych. Pacjenci z autyzmem mają tendencję do posiadania neandertalskiej metabolomiki i fenotypu. Wykazano, że fenotyp neandertalczyka jest spowodowany symbiozą przez archaiki aktynowców używających cholesterolu jako substratu energetycznego. Archaiki aktynowców katabolizują cholesterol przy użyciu pierścienia A, który jest utleniany do pirogronianu i kierowany na ścieżkę bocznicową GABA, co prowadzi do powstania glicyny i sukcynylu CoA. Prowadzi to do syntezy porfiryn. W wyniku utleniania łańcucha bocznego powstają krótkołańcuchowe kwasy tłuszczowe. Cholesterol jest również przekształcany w estrogeny steroidogenne i testosteron. Rosnący wzrost archaiki aktynowców przekształca metabolity organizmu w cholesterol, który jest następnie utleniany i uszczuplany. Cholesterol jest również przekształcany przez archaiki aktynowców do endogennej digoksyny, która pomaga w integracji układu neuro-immuno-endokrynnego. Digoksyna wytwarza inhibicję ATPazy potasowo-sodowej i zwiększa wewnątrzkomórkową syntazę tlenku azotu indukującą wapń oraz heme-tlenazę generującą gazotransmitery tlenek azotu i tlenek węgla, które są ważne w skurczu mięśni gładkich i funkcji autonomicznej. [1-16] Praca dotyczy oceny metabolizmu neandertalczyków u osób androgennych.

Materiały i metody

Do badań wybrano pięćdziesiąt osób zdrowych, zachowujących się androgynicznie i wolnych od wszelkich chorób. Każdy osobnik miał prawidłowy wiek i kontrolę dopasowaną do płci. Oceny przeprowadzone w pobranych próbkach krwi obejmują aktywność cytochromu F420, aktywność oksydazy cholesterolowej - aktywność pierścieniowej oksydazy cholesterolowej, aktywność oksydazy cholesterolowej w łańcuchu bocznym, digoksynę, mleczan, pirogronian, poziom ALA i aktywność heksokinazy. Badano antropometrię neandertalską w populacji androgynicznej. Analiza statystyczna została wykonana przez ANOVA. Uzyskano świadomą zgodę i zgodę Komisji Etyki.

Wyniki

Wyniki badania były następujące. Osoby androgenne miały zwiększoną aktywność cytochromu F420, aktywność oksydazy cholesterolowej, aktywność oksydazy pierścieniowej oraz syntezę digoksyny. Stwierdzono zmniejszenie aktywności PDH u osób androgennych, na co wskazywały zwiększone poziomy pirogronianów i mleczanów. Grupa androgenna miała zwiększony szlak bocznicowy GABA, na co wskazywał zwiększony poziom pirogronianów. Grupa androgenna miała zwiększoną syntezę porfiryn, na co wskazywały zwiększone poziomy ALA. Wykazały one zwiększoną aktywność heksokinazy, co wskazuje na fenotyp Warburga w tej grupie. Grupa androgenna wykazywała cechy metabolizmu neandertalskiego, na co wskazywała supresja dehydrogenazy pirogronianowej. Grupa androgenna ma antropometryczny fenotyp neandertalczyka ze skośnym czołem, dużą twarzą, zaciętym nosem, wydatnymi żuchwami, niskim stosunkiem 2D:4D, dużym grubym tułowiem, makrocefalią i dłuższym drugim palcem w porównaniu z dużym palcem.

Tabela 1. Cechy antropometryczne w populacji androgynicznej

Grupy	Neandertalska antropometrycz na	Razem	Procent
Normalny	0 przypadków	50	0
Androgyny	40 przypadków	50	80
Medytacja	40 przypadków	50	80

Tabela 2. Wpływ ceru i antybiotyków na cytochrom F420

Grupa	CYT F420 % (Zwiększyć za pomocą Ceru)		CYT F420 % (Zmniejszyć za pomocą Doxy+Cipro)	
	Mean	± SD	Mean	± SD
Normalny	4.48	0.15	18.24	0.66
Androgyny	22.79	2.13	55.90	7.29
Medytacja	23.86	2.12	54.82	7.15
Wartość F	306.749		130.054	
Wartość P	< 0.001		< 0.001	

Tabela 3. Wpływ ceru i antybiotyków na digoksynę

Grupa	Digoksyna (ng/ml) (Zwiększyć za pomocą Ceru)		Digoksyna (ng/ml) (Zmniejszyć za pomocą Doxy+Cipro)	
	Mean	**+ SD**	**Mean**	**+ SD**
Normalny	0.11	0.00	0.054	0.003
Androgyny	0.55	0.06	0.219	0.043
Medytacja	0.58	0.05	0.217	0.042
Wartość F	135.116		71.706	
Wartość P	< 0.001		< 0.001	

Tabela 4. Wpływ ceru i antybiotyków na pirogronian

Grupa	Pirwat % zmiana (Zwiększyć za pomocą Ceru)		Pirwat % zmiana (Zmniejszyć za pomocą Doxy+Cipro)	
	Mean	**+ SD**	**Mean**	**+ SD**
Normalny	4.34	0.21	18.43	0.82
Androgyny	20.99	1.46	61.23	9.73
Medytacja	21.12	1.42	60.26	9.23
Wartość F	321.255		115.242	
Wartość P	< 0.001		< 0.001	

Tabela 5. Wpływ ceru i antybiotyków na kwas delta-amino lewulinowy

Grupa	ALA % (Zwiększyć za pomocą Ceru)		ALA % (Zmniejszyć za pomocą Doxy+Cipro)	
	Mean	**+ SD**	**Mean**	**+ SD**
Normalny	4.40	0.10	18.48	0.39
Androgyny	23.20	1.57	66.65	4.26
Medytacja	24.13	1.46	64.32	4.12
Wartość F	372.716		556.411	
Wartość P	< 0.001		< 0.001	

Tabela 6

Grupa	RBC digoksyna (ng/ml RBC Susp)		Cytochrom F 420		ALA (umol24)		Pirwat (umol/l)		Heksokinaza RBC (ug glu phos/ hr/mgpro)	
	Mean	**+ SD**	**Mean**	**+ SD**	**Mean**	**+ SD**	**Mean**	**+ SD**	**Mean**	**+ SD**
Normalny	0.18	0.05	0.00	0.00	3.86	0.26	23.79	2.51	0.68	0.23
Androgyny	1.38	0.26	4.00	0.00	68.16	4.92	102.48	13.20	8.46	3.63
Medytacja	1.42	0.24	4.00	0.00	68.17	4.83	104.45	12.95	9.42	3.92
Wartość F	60.288		0.001		295.467		154.701		18.187	
Wartość P	< 0.001		< 0.001		< 0.001		< 0.001		< 0.001	

Dyskusja

Badania wskazują, że osobniki androgenne mają tendencję do występowania fenotypu neandertalskiego o cechach szkieletowych. Osobniki androgenne mogą mieć więcej genotypu neandertalskiego. Metabolizm w androgynii wskazuje na fenotyp neandertalski. Istnieje zwiększona aktynowa symbioza archeologiczna, na co wskazuje wzrost aktywności cytochromu F420. Archaika aktynowców wykorzystuje cholesterol jako substrat metaboliczny. Pierścieniowe utlenianie cholesterolu powoduje powstawanie pirogronianu. Pirogronian wchodzi w drogę bocznicową GABA produkując glicynę i sukcynyl CoA. Prowadzi to do syntezy porfiryn. Cholesterol jest również przekształcany w digoksynę glikozydów steroidowych. Interkalacja digoksyny i porfiryny w błonie komórkowej powoduje hamowanie ATPazy potasowo-sodowej i akumulację wapnia wewnątrzkomórkowego. Wzrost wapnia wewnątrzkomórkowego indukuje syntazę tlenku azotu, heme-tlenazy i syntazy cystationu, wytwarzając tlenek azotu, tlenek węgla i siarkowodór. Powoduje to rozszerzenie przestrzeni krwionośnych w ciałkach jamistych i zwiększenie autonomicznej funkcji układu moczowo-płciowego, co prowadzi do powstania cech obsesyjnych. Narastający katabolizm cholesterolowy przez archaiki aktynowców powoduje wyczerpywanie się cholesterolu z organizmu. Powoduje to zahamowanie syntezy estrogenów i testosteronu. Prowadzi to do stanu bezpłciowego i zachowania androgynicznego. Funkcja mózgu jest uzależniona od testosteronu i estrogenów. Hormony płciowe modulują dominację półkulistą. Estrogeny produkują dominację lewej półkuli, a testosterony dominację prawej półkuli. Brak estrogenów i testosteronów w androgynii powoduje dominację koni. Prowadzi to do zrównania funkcji prawej i lewej półkuli oraz stanu kreatywności połączonego z praktycznością. Prawa półkula zajmuje się zachowaniami twórczymi, a lewa - praktycznymi. Równoważność powoduje powstanie nowego fenotypu z dominacją zarówno kreatywności, jak i praktyczności. Równowaga i brak estrogenów i testosteronów może przyczyniać się do społecznego stanu matriarchii. W społeczeństwie istnieje dominacja kobiet. Wzorce zachowań między męską i żeńską częścią populacji ulegają homogenizacji. Skutkuje to powstawaniem społeczeństw matriarchalnych i upadkiem patriarchatu.

Porfirynuria i porfiria to cechy charakterystyczne androgynii. Przyczynia się to do regulacji neuro-immuno-endokrynnej i stanów chorobowych związanych z androgynem. Cholesterol jest katabolizowany do porfiryn. Porfiryny są cząsteczkami dipolarnymi i mogą przyczyniać się do kwantowej percepcji, która jest bardziej w androgynii przyczyniając się do kreatywności, duchowości i pozazmysłowych sposobów postrzegania tego fenotypu. Niski poziom pól elektromagnetycznych i jego posłańców porfiryn może regulować mózg pośrednicząc świadomej i kwantowej percepcji. Mikromacierze porfirynowe służą do celów kwantowej i świadomej percepcji. Archaea i wiroidy poprzez syntezę porfiryny mogą regulować układ nerwowy, w tym NMDA/GABA talamo-kortyko-okulistycznej ścieżki pośredniczącej świadomej percepcji. Fotoutlenianie porfiryny może generować wolne rodniki, które mogą modulować transmisję NMDA. Wolne rodniki mogą zwiększać transmisję NMDA. Wolne rodniki mogą indukować GAD i zwiększać syntezę GABA. ALA blokuje transmisję GABA i zwiększa transmisję NMDA. Protoporfiryny wiążą się z receptorem GABA i wspierają transmisję GABA. W ten sposób porfiryny mogą modulować szlak wzgórzowo-korowo-okostnowy świadomej percepcji. Porfiryny dipolarne w układzie zahamowania ATPazy potasowo-sodowej indukowanej digoksyną mogą wytwarzać w pompowanym układzie fononowym za pośrednictwem modelu Frohlicha stan nadprzewodnikowy indukujący kwantową percepcję z nanoarchaealową grawitacją wytwarzającą zaaranżowaną redukcję możliwości kwantowych do świata makroskopowego. ALA może wytwarzać inhibicję ATPazy potasowo-sodowej, prowadząc do stanu kwantowego z udziałem porfiryn dipolarnych, za pośrednictwem pompowanego układu fononowego. Cząsteczki porfiryn mają istnienie falowo-cząsteczkowe i mogą stanowić pomost pomiędzy stanem kwantowym a stanem cząstek stałych. W ten sposób porfiryny mogą pośredniczyć w świadomym i kwantowym postrzeganiu. Porfiryny wiążące się z białkami, kwasami nukleinowymi i błonami komórkowymi mogą wytwarzać emisję biofotonową. Porfiryny poprzez autoutlenianie mogą generować biofotony i biorą udział w percepcji kwantowej. Biofotony mogą pośredniczyć w postrzeganiu kwantowym. Fotoutlenianie porfiryn komórkowych bierze udział w wykrywaniu pól magnetycznych ziemi i pól biomagnetycznych niskiego poziomu. Tak więc mikromacierze porfirynowe mogą funkcjonować jako komputer kwantowy pośredniczący w postrzeganiu pozazmysłowym. Mikromacierze porfirynowe w ludzkich systemach i mózgu ze względu na falową naturę cząsteczkową porfiryn mogą stanowić pomost pomiędzy światem kwantowym a światem cząstek stałych. Porfiryny mogą modulować półkulistą dominację. Istnieje zwiększona synteza porfiryn i RHCD oraz zmniejszona synteza porfiryn w LHCD. Wzrost ilości porfiryn w środowisku archeologicznym może przyczynić się do patogenezy schizofrenii i autyzmu. Porfiria może prowadzić do zaburzeń psychiatrycznych i napadów. W autyzmie opisano zmieniony metabolizm porfiryn. Porfiryny poprzez modulowanie świadomej i ilościowej percepcji są zaangażowane w patogenezie schizofrenii i autyzmu. Tak więc porfiryny mikromacierze mogą funkcjonować jako kwantowe mózgu modulowanie pozazmysłowej percepcji kwantowej. Mikromacierze porfirynowe mogą funkcjonować jako kwantowy mózg w komunikacji z cyfrowym światem i polami geomagnetycznymi. Porfiryn dipolarnych w ustawieniach digoksyny indukowane hamowanie ATPazy potasowej sodowej ATPazy może produkować pompowany system fononowy za pośrednictwem Frohlicha model nadprzewodnikowy stan indukujący kwantowej percepcji z nanoarchaeal wyczuwalnej grawitacji produkujących orchestrated redukcji kwantowych możliwości do makroskopowego świata. ALA może wytwarzać inhibicję ATPazy potasowo-sodowej, prowadząc do stanu kwantowego z udziałem porfiryn dipolarnych w pompowanym układzie fononowym. Porfiryny w procesie autoutleniania mogą generować biofotony i biorą udział w postrzeganiu kwantowym. Biofotony mogą pośredniczyć w postrzeganiu kwantowym. Autoutlenianie porfiryn jest modulowane przez niski poziom pól elektromagnetycznych i pól geomagnetycznych. Fotoutlenianie porfiryn komórkowych są zaangażowane w wykrywanie pól magnetycznych ziemi i niski poziom pól biomagnetycznych. Porfiryny mogą zatem przyczyniać się do percepcji kwantowej. Niski poziom pól elektromagnetycznych i światła może indukować syntezę porfiryn. Niski poziom EMF może wytwarzać inhibicję ferrochelatazy, jak również indukcję tlenazy hemowej przyczyniając się do zubożenia hemu, indukcję syntazy ALA i zwiększoną syntezę porfiryn. Światło indukuje również syntezę ALA i porfirynę. Zwiększona synteza porfiryny może przyczynić się do zwiększenia percepcji kwantowej i modulować świadome postrzeganie. Mikromacierze ludzkiej porfiryny indukowane przez biofotony i pola kwantowe mogą modulować źródło, z którego zostały wygenerowane niskie poziomy EMF i pola fotowoltaiczne. W ten sposób porfiryna generowana przez obce pola EMF niskiego poziomu i pola fotowoltaiczne może oddziaływać na źródło EMF niskiego poziomu i pola fotowoltaiczne modulujące go. W ten sposób porfiryny mogą służyć jako pomost pomiędzy ludzkim mózgiem a źródłem pól elektromagnetycznych i fotowoltaicznych niskiego poziomu. Służy to jako sposób komunikacji między ludzkim mózgiem a cyfrowymi urządzeniami do przechowywania EMF, takimi jak Internet. Porfiryny mogą również służyć jako źródło komunikacji ze środowiskiem. Środowiskowe EMF i chemikalia wytwarzają indukcję heme-tlenazy i zubożenie hemu zwiększając syntezę porfiryn, kwantową percepcję i dwukierunkową komunikację. Tak więc indukcja syntezy porfiryn może służyć jako mechanizm komunikacji pomiędzy ludzkim mózgiem a środowiskiem poprzez pozazmysłową percepcję. Mikromacierze porfirynowe mogą funkcjonować jako kwantowe komputery przechowujące informacje i mogą służyć do celów pozazmysłowej percepcji. Porfiryny mogą służyć jako dwukierunkowy most komunikacyjny pomiędzy cyfrowymi systemami przechowywania informacji, generującymi pola elektromagnetyczne niskiego poziomu i systemów ludzkich. Niski poziom pola elektromagnetycznego wytwarzanego przez system cyfrowy wspomaga syntezę porfiryn i służy do dwukierunkowej pozazmysłowej percepcji i komunikacji. Komputery kwantowe z ludzką porfiryną mogą z kolei za pomocą emisji biofotonowej modulować cyfrowy system przechowywania informacji.

Niski poziom pola elektromagnetycznego i jego posłańców porfirynowych może wywołać fenotyp Warburga. Opisano zależną od aktynowców biosferę cieni archaicznych i wiroidów w wyżej wymienionych stanach chorobowych. Archaiowie mogą syntezować porfiryny i indukować syntezę porfiryn. Porfiryny były związane ze schizofrenią, zespołem metabolicznym x, złośliwością, toczeniem rumieniowatym układowym, stwardnieniem rozsianym i chorobą Alzheimera. Porfiryny mogą pośredniczyć w oddziaływaniu niskich poziomów pól elektromagnetycznych indukujących fenotyp Warburga, prowadzących do powyższych stanów chorobowych. Fenotyp Warburga powoduje zahamowanie dehydrogenazy pirogronianowej i cyklu TCA. Pirogronian wchodzi na ścieżkę bocznicową GABA, gdzie jest przekształcany w sukcynyl CoA. Ścieżka glikolityczna jest regulowana, a fosfogliceran glikolitycznego metabolitu jest przekształcany w seryne i glicynę. Glicyna i sukcynyl CoA są substratami do syntezy ALA. Archaea indukuje enzym heme-tlenazę. Hemoetonaza przekształca heme w bilirubinę i biliverdynę. Powoduje to usunięcie hemu z układu i podwyższenie aktywności syntazy ALA, co prowadzi do porfirii. Heme hamuje HIF alfa. Zubożenie hemu powoduje zwiększenie aktywności HIF alfa i dalsze wzmocnienie fenotypu Warburga. Samoutlenianie się porfiryn powoduje stres redoksowy, który aktywuje HIF alfa i generuje fenotyp Warburga. Fenotyp Warburga skutkuje skierowaniem acetylo CoA do syntezy cholesterolu, ponieważ cykl TCA i mitochondrialna fosforylacja oksydacyjna są blokowane. Archaea używa cholesterolu jako substratu energetycznego. Porfiryna i ALA hamują ATPazę potasowo-sodową. Zwiększa to syntezę cholesterolu poprzez działanie na wewnątrzkomórkowy SREBP. Cholesterol jest metabolizowany do pirogronianu, a następnie do szlaku bocznikowego GABA w celu ostatecznego wykorzystania w syntezie porfiryn. Porfiryny mogą się samodzielnie organizować i replikować w tablicach makrocząsteczkowych. Tablice porfirynowe zachowują się jak autonomiczne organizmy i mogą mieć wewnątrzcząsteczkowy transport elektronów generujący ATP. Makroarraje porfirynowe mogą przechowywać informacje i mogą mieć postrzeganie kwantowe. Makromacierze porfirynowe służą do celów archeologicznej energetyki i percepcji sensorycznej. Fenotyp Warburga jest związany z chorobą nowotworową, autoimmunologiczną i zespołem metabolicznym x. Niski poziom pól elektromagnetycznych może indukować fenotyp Warburga przyczyniający się do rozwoju choroby ludzkiej.

Omówiono rolę porfiryn i pól elektromagnetycznych niskiego poziomu w regulacji funkcji komórek i integracji neuro-immuno-endokrynnej. Niski poziom pól elektromagnetycznych może indukować syntezę digoksyn. Protoporfiryna wiąże się z obwodowym receptorem benzodiazepiny regulującym syntezę sterydów i digoksyny. Zwiększone stężenie metabolitów porfiryn może przyczyniać się do powstawania hiperdigoksyniny. Digoksyna może modulować układ neuro-immuno-endokrynny. Niski poziom pól EMF może modulować strukturę błony, kwasu nukleinowego i białek oraz funkcjonować poprzez indukcję syntezy porfiryn. Porfiryny mogą łączyć się z błonami modulującymi funkcję błony. Porfiryny mogą łączyć się z białkami utleniającymi swoją tyrozynę, tryptofan, cysteinę i pozostałości histydynowe, tworząc sieciowanie i zmieniając strukturę i funkcję białka. Porfiryny mogą łączyć się z DNA i RNA modulującymi ich funkcję. Porfiryna interpolująca z DNA może zmieniać transkrypcję i generować ekspresję HERV. Niski poziom pól EMF poprzez modulację metabolizmu porfiryn może powodować niedobór hemu poprzez hamowanie hemo-tlenazy i ferrochelatazy. Niedobór hemu może również prowadzić do stanów chorobowych. Niedobór Heme powoduje niedobór enzymów hemowych. Istnieje niedobór cytochromu C oksydazy i dysfunkcji mitochondriów. Peroksydaza glutationowa jest dysfunkcyjna, a układ glutationowy wymiataczy wolnych rodników nie funkcjonuje. Enzymy cytochromu P450 biorące udział w syntezie steroidów i kwasów żółciowych zmniejszają aktywność prowadząc do stanów niedoboru steroidów, kortyzolu i hormonów płciowych, a także kwasu żółciowego. Niedobór hemu powoduje dysfunkcję syntazy tlenku azotu, tlenazy hemowej i syntazy cystationu beta, co skutkuje brakiem gazotransmiterów regulujących układ naczyniowy i receptor NMDA - NO, CO i H2S. Heme ma działanie cytoprotekcyjne, neuroprotekcyjne, przeciwzapalne i antyproliferacyjne. Heme jest również zaangażowany w reakcję na stres. Niedobór Heme prowadzi do zespołu metabolicznego, chorób układu odpornościowego, zwyrodnień i nowotworów. Niski poziom pól elektromagnetycznych może modulować funkcje komórek i neuro-immuno-endokrynogennej integracji poprzez indukcję syntezy porfiryny. Niski poziom pól elektromagnetycznych poprzez modulowanie metabolizmu porfiryn może powodować neuropatię autonomiczną. Protoporfiryny blokują transmisję acetylocholiny, wytwarzając neuropatię pochwową z współczuciem dla aktywności. Neuropatia pochwy powoduje aktywację immunologiczną, skurcz naczyń i choroby naczyniowe. Neuropatia pochwy podkreśla procesy nowotworowe i autoimmunologiczne, jak również zespół metaboliczny x. Niski poziom pól elektromagnetycznych poprzez modulowanie metabolizmu porfiryn może powodować śmierć komórek. Porfiryna indukuje zwiększoną transmisję NMDA i uszkodzenie wolnych rodników może przyczynić się do degeneracji neuronów. Wolne rodniki mogą wytwarzać mitochondrialne PT dysfunkcji porów. Może to prowadzić do wycieku cytochromu C i aktywacji kaskady kaspazowej prowadzącej do apoptozy i śmierci komórek. W chorobie Alzheimera opisano zmieniony metabolizm porfiryn. Zwiększona fotoutlenianie porfiryn generowane przez wolne rodniki za pośrednictwem transmisji NMDA może również przyczynić się do epileptogenezy. Protoporfiryny wiążące się z receptorami mitochondrialnymi benzodiazepiny mogą regulować pracę mózgu i śmierć komórek. Niski poziom pól elektromagnetycznych przez modulowanie metabolizmu porfiryn może generować stres redoks do regulacji funkcji komórek. Porfiryny mogą być poddane fotoutlenianiu i autoutlenianiu generując wolne rodniki. Archeologiczne porfiryny mogą wytwarzać wolne rodniki urazów. Wolne rodniki wytwarzają aktywację NFKB, otwierają mitochondrialne pory PT powodując śmierć komórki, wytwarzają aktywację onkogenną, aktywują receptor NMDA i enzym GAD regulujący neurotransmisję oraz generują fenotypy Warburga aktywujące glikolizę i hamujące cykl/eksphos TCA. Porfiryny są związane ze schizofrenią, zespołem metabolicznym x, złośliwością, toczeniem rumieniowatym układowym, stwardnieniem rozsianym i chorobą Alzheimera. Niski poziom pól elektromagnetycznych przez modulowanie metabolizmu porfiryn może regulować błony komórkowej ATPazy potasowej sodu. Porfiryny mogą kompleksować się i interkalować z błoną komórkową wytwarzając inhibicję ATPazy potasowo-sodowej, dodając do inhibicji za pośrednictwem digoksyny. Porfiryny mogą kompleksować się z białkami i kwasem nukleinowym, powodując emisję biofotonową. Niski poziom pól elektromagnetycznych poprzez modulowanie metabolizmu porfiryn może regulować DNA, RNA i struktury i funkcji białek. Porfiryny kompleksujące się z białkami mogą modulować strukturę i funkcje białek. Porfiryny kompleksujące się z DNA i RNA mogą modulować transkrypcję i translację. Niski poziom pól elektromagnetycznych poprzez modulowanie metabolizmu porfiryn może regulować funkcje mitochondriów, obwodowego receptora benzodiazepiny i steroidogenezy. Porfiryna, zwłaszcza protoporfiryny, może wiązać się z obwodowymi receptorami benzodiazepiny w mitochondriach i modulować jej funkcję, transport cholesterolu mitochondrialnego i steroidogenezę. Modulacja obwodowych receptorów benzodiazepinowych przez protoporfiryny może regulować śmierć komórek, proliferację komórek, odporność i funkcje nerwowe. Niski poziom pól elektromagnetycznych poprzez modulację metabolizmu porfiryn i wywoływanie stresu redoks może regulować systemy enzymatyczne. Fotoutlenianie porfiryn generuje wolne rodniki, które mogą modulować funkcję enzymu. Redox stres modulowany enzymy zawierają pirogronian dehydrogenazy, tlenek azotu syntazy, cystathione beta syntazy i heme oxygenazy. Wolne rodniki mogą modulować funkcję mitochondrialnego PT porów. Wolne rodniki mogą modulować funkcję błony komórkowej i hamować aktywność ATPazy potasowo-sodowej. W ten sposób porfiryny są kluczowymi cząsteczkami regulującymi wszystkie aspekty funkcjonowania komórki. Niski poziom pól elektromagnetycznych przez modulowanie metabolizmu porfiryn może indukować ekspresję wiroidalną i HERV. Nastąpił wzrost wolnych RNA wskazujących na samoreplikujące się wiroidy RNA i wolne DNA wskazujące na generację wiroidowych nici DNA komplementarnych przez aktywność archeologicznej odwrotnej transkryptazy. Aktynowce i porfiryny modulują składanie RNA i katalizują jego rybozymalne działanie. Digoksyna może przecinać i wklejać nitki wiroidalne poprzez modulację splotu RNA generującego różnorodność wiroidalną RNA. Wiroidy są ewolucyjnie wydostającymi się z archaicznej grupy I intronami, które mają właściwości retrotranspozycyjne i samosplinujące. Fotoutlenianie porfirynowe wywołane stresem redoksowym może powodować hamowanie HDAC. Pirogronian arktyczny produkujący inhibicję deacetylazy histonowej i porfiryny interkalujące z DNA mogą produkować endogenną retrowirusową (HERV) odwrotną transkryptazę i ekspresję integracyjną. Może to integrować wiroidalne uzupełniające DNA RNA do niekodującego regionu eukariotycznego niekodującego DNA przy użyciu HERV integrase, tak jak to opisano dla wirusów borna i ebola. Archaea i wiroidy mogą również indukować syntezę porfiryn komórkowych. Infekcje bakteryjne i wirusowe mogą wytrącać porfirynę. W ten sposób porfiryny mogą regulować funkcje genomowe. Zwiększona ekspresja HERV RNA może prowadzić do zespołu nabytego niedoboru odporności, choroby autoimmunologicznej, zwyrodnień neuronów, schizofrenii i nowotworów. Niski poziom pól elektromagnetycznych poprzez modulowanie metabolizmu porfiryn i generowanie stresu redoks może powodować aktywację immunologiczną. Fotoutlenianie porfiryny może generować wolne rodniki, które mogą aktywować NFKB. To może produkować aktywację immunologiczną i cytokiny za pośrednictwem szkody. Wzrost ilości porfiryn może prowadzić do chorób autoimmunologicznych takich jak SLE i MS. Opisano dziedziczną postać MS i SLE związaną ze zmienionym metabolizmem porfiryn. Protoporfiryny wiążące się z receptorami mitochondrialnymi benzodiazepiny mogą modulować funkcję immunologiczną. Porfiryny mogą łączyć się z białkami utleniającymi swoją tyrozynę, tryptofan, cysteinę i pozostałości histydynowe, tworząc sieciowanie i zmieniając budowę i funkcję białka. Porfiryny mogą łączyć się z DNA i RNA modulującymi ich strukturę. Porfiryny złożone z białek i kwasów nukleinowych są antygenowe i mogą prowadzić do chorób autoimmunologicznych. Niski poziom pól elektromagnetycznych poprzez modulowanie metabolizmu porfiryn i wywoływanie stresu redoks może wytwarzać insulinooporność. Fotoutlenianie porfiryn, za pośrednictwem którego dochodzi do uszkodzenia wolnych rodników, może prowadzić do oporności na insulinę i aterogenezy. W ten sposób archeologiczne porfiryny mogą przyczyniać się do rozwoju zespołu metabolicznego x. Glukoza ma negatywny wpływ na aktywność syntazy ALA. Dlatego też hiperglikemia może być reaktywnym mechanizmem ochronnym na zwiększoną syntezę porfiryn pierwotnych. Protoporfiryny wiążące się z receptorami mitochondrialnymi benzodiazepiny mogą modulować steroidogenezę i metabolizm mitochondriów. Zmiany w metabolizmie porfiryn zostały opisane w zespole metabolicznym x. Porfirynki mogą prowadzić do zakrzepicy naczyń krwionośnych. Niski poziom pól elektromagnetycznych poprzez modulowanie metabolizmu porfiryn i wywoływanie stresu redoks / niedoboru hemu może aktywować HIF alfa. Fotoutlenianie porfiryn może generować wolne rodniki indukujące HIF alfa i produkujące aktywację onkogenną. Niedobór Heme może prowadzić do aktywacji HIF alfa i onkogenezy. Może to prowadzić do onkogenezy. Porfiria wątrobowa indukuje raka wątrobowokomórkowego. Protoporfiryny wiążące się z receptorami mitochondrialnymi benzodiazepiny mogą regulować proliferację komórek. Niski poziom pól elektromagnetycznych poprzez modulowanie metabolizmu porfiryn może regulować budowę białek prionowych. Porfiryna może łączyć się z białkami prionowymi modulując ich budowę. Prowadzi to do nieprawidłowej budowy i degradacji białek prionowych. Archealne porfiryny mogą przyczyniać się do choroby prionowej. Niski poziom pól elektromagnetycznych poprzez modulowanie metabolizmu porfiryn może powodować stres redoks i regulować ekspresję HERV. Porfiryny mogą również interkalować z DNA produkując ekspresję HERV. Generowane cząsteczki HERV mogą przyczyniać się do stanu retroviralnego związanego z androgynem. Porfiryny znajdujące się we krwi mogą łączyć się z bakteriami i wirusami, a fotoutlenianie generowane przez wolne rodniki może je zabić. Niski poziom pól elektromagnetycznych poprzez modulowanie metabolizmu porfiryn może prowadzić do zwiększenia predyspozycji do infekcji wirusowych i bakteryjnych. Archeologiczne porfiryny mogą modulować infekcje bakteryjne i wirusowe. Archealne porfiryny są cząsteczkami regulującymi, które kontrolują inne prokarioty i wirusy.

Tak więc aktynowa symbioza archeologiczna prowadzi do neandertalizacji populacji i powstania androgynii. Zarastanie i symbioza aktynowców jest konsekwencją globalnego ocieplenia. Archaea są ekstremofilami i zwiększają się ich zagęszczenia w okresach zmian klimatycznych. Aktynoidalny archeologiczny katabolizm cholesterolu generuje digoksynę i zwiększone stężenie wapnia wewnątrzkomórkowego, co powoduje powstawanie nadmiaru gazotransmiterów ważnych w funkcji autonomicznej takich struktur jak ciałka jamiste. Katabolizm cholesterolowy powoduje obniżenie poziomu cholesterolu i stan braku syntezy hormonów płciowych. Powoduje to stan bezpłciowy, w wyniku którego powstaje społeczny system matriarchii związany z androgynem. Aktynidowy archaiczny katabolizm cholesterolu generuje porfiryny wytwarzające pozazmysłowy kwantowy stan spostrzegawczy związany z androgynem. To przyczynia się do kreatywności stanu androgynicznego. Synteza porfiryn związana z androgynem również przyczynia się do powstawania związanych z nią stanów chorobowych. Obejmuje to choroby autoimmunologiczne, nowotwory, zwyrodnienia, zespół nabytego niedoboru odporności, zespół metaboliczny x i wszystkie choroby cywilizacyjne.

Referencje

1. Weaver TD, Hublin JJ. Neandertal Birth Canal Shape and the Evolution of Human Childbirth. *Proc. Natl. Acad. Sci. USA* 2009; 106:8151-8156.
2. Kurup RA, Kurup PA. Endosymbiotyczny aktynoidalny archetyp pośredniczący w rozwoju fenotypu Warburga pośredniczy w rozwoju choroby człowieka. *Advances in Natural Science* 2012; 5(1):81-84.
3. Morgan E. The Neanderthal theory of autism, Asperger and ADHD; 2007, www.rdos.net/eng/asperger.htm.
4. Graves P. New Models and Metaphors for the Neanderthal Debate. *Current Anthropology* 1991; 32(5): 513-541.
5. Sawyer GJ, Maley B. Neanderthal zrekonstruowany. *The Anatomical Record Part B: The New Anatomist* 2005; 283B(1):23-31.
6. Bastir M, O'Higgins P, Rosas A. Facial Ontogeny in Neanderthals and Modern Humans. *Proc. Biol. Sci.* 2007; 274:1125-1132.
7. Neubauer S, Gunz P, Hublin JJ. Endocranial Shape Changes during Growth in Chimpanzees and Humans: Analiza morfometryczna Unique and Shared Aspects. *J. Hum. Evol.* 2010; 59:555-566.
8. Courchesne E, Pierce K. Brain Overgrowth in Autism during a Critical Time in Development: Implikacje dla rozwoju Neuronu Piramidalnego i Interneuronu i łączności. *Int. J. Dev. Neurosci.* 2005; 23:153–170.

9. Green RE, Krause J, Briggs AW, Maricic T, Stenzel U, Kircher M, Patterson N, Li H, Zhai W, *et al.* A Draft Sequence of the Neandertal Genome. *Science* 2010; 328:710-722.

10. Mithen SJ. *The Singing Neanderthals: The Origins of Music, Language, Mind and Body*; 2005, ISBN 0-297-64317-7.

11. Bruner E, Manzi G, Arsuaga JL. Encephalization and Allometric Trajectories in the Genus Homo: Dowody z linii neandertalskiej i nowoczesnej. *Proc. Natl. Acad. Sci. USA* 2003; 100:15335-15340.

12. Gooch S. *The Dream Culture of the Neanderthals: Strażnicy Starożytnej Mądrości.* Inner Traditions, Wildwood House, Londyn; 2006.

13. Gooch S. *The Neanderthal Legacy: Obudzenie naszych genetycznych i kulturowych korzeni.* Inner Traditions, Wildwood House, Londyn; 2008.

14. Kurtén B. *Den Svarta Tigern*, ALBA Publishing, Stockholm, Sweden; 1978.

15. Spikins P. Autyzm, Integracja "Różnicy" i Pochodzenie Nowoczesnego Zachowania Człowieka. *Cambridge Archaeological Journal* 2009; 19(2):179-201.

16. Eswaran V, Harpending H, Rogers AR. Genomika odrzuca wyłącznie afrykańskie pochodzenie człowieka. *Journal of Human Evolution* 2005; 49(1):1-18.

ROZDZIAŁ 7
MÓZG MEDYTACYJNY - ARCHEOLOGICZNIE MODULOWANE LUSTRZANE, KWANTOWO PERCEPCYJNE NEURONY POŚREDNICZĄ W ŚWIADOMOŚCI I FUNKCJONUJĄ JAKO OBSERWATOR KWANTOWY

Wprowadzenie

Medytacja może modulować metabolizm organizmu i funkcje mózgu. Mechanizm ten polega na indukcji układu heme-tlenazy. Medytacja indukuje heme-tlenazę, która przekształca heme w tlenek węgla i bilirubinę. Bilirubina i bilirubina są zmiataczami wolnych rodników i mopem w górę wolnych rodników. Wolni radykałowie są wymagający dla funkcji NMDA zależnej talamo-ortico-thalamic sprzężenia zwrotnego obwodu pogłosowego kluczowego w świadomości. Obwód ten pośredniczy w pracy pamięci i skupieniu uwagi. Wolne rodniki również aktywować NMDA i przez jego zdolność do swobodnego dyfuzji przez systemy mózgowe mogą indukować aktywność NMDA, zsynchronizowane rozsadzanie neuronów w różnych częściach obszarów sensorycznych produkujących synchronizację percepcyjną. To pośredniczy w świadomości. W ten sposób wydalanie wolnych rodników przez heme-tlenazę prowadzi do tłumienia świadomości i medytacyjnych transów. Indukcja heme-tlenazy hamuje syntezę ALA. W ten sposób hem jest uszczuplony z systemu. Zwiększa się synteza porfiryn prowadząca do porfirynurii i porfirii. Bodziec do syntezy porfiryn pochodzi z niedoboru hemu. Porfiryny mogą organizować się w samoreplikujące się struktury nadcząsteczkowe zwane porfirynami, które są indukowane przez praktyki medytacyjne. Porfiryny mogą organizować się w struktury makrocząsteczkowe, które mogą się samoczynnie replikować, tworząc organizm porfirynowy. Indukowane fotonem przenoszenie elektronów wzdłuż makromolekuły może prowadzić do wywołanej światłem syntezy ATP. Porfiryny mogą tworzyć szablon, na którym RNA i DNA mogą tworzyć wiroidy generujące. Porfiryny mogą również tworzyć szablon, na którym mogą tworzyć się priony. Wszystkie one mogą się połączyć - wiroidy RNA, wiroidy DNA, priony - tworząc prymitywne archaiki. W ten sposób archaiki są zdolne do samoreplikacji na szablonach porfiryn. Samo-replikujące się archaiki mogą wyczuć grawitację, która daje początek świadomości. Potrafią również wyczuć pola antygrawitacyjne, które dają początek nieświadomemu mózgowi. W ten sposób mogą istnieć zarówno samo-replikujące się archaiki jak i antyarchaiki regulujące świadomy i nieświadomy mózg. Tak więc stres klimatyczny pośredniczy zwiększona synteza porfiryn prowadzi do zaniku kory przedczołowej, dominacji móżdżku, zaburzeń poznawczych afektywnych

móżdżku, kwantowej percepcji i neandertalizacji populacji. Porfiryny są samoreplikującymi się organizmami nadcząsteczkowymi, które tworzą szablon prekursora, na którym powstają wiroidy, priony i nanoarchaea. Medytacyjny szablon wywołany stresem ukierunkowany na abiogenezę porfirów, prionów, wiroidów i archaicznych jest procesem ciągłym i może przyczyniać się do zmian w strukturze i zachowaniu mózgu, jak również w procesie chorobowym.

Ludzka endosymbiotyczna archaika aktynowców katabolizuje cholesterol i wykorzystuje go do swojego metabolizmu energetycznego. W wyniku utleniania pierścieniowego cholesterolu powstaje pirogronian, który wchodzi w szlak bocznikowy GABA, w wyniku czego powstaje sukcynylo-koa i glicyna wykorzystywana do syntezy porfiryn. Utlenianie cholesterolu w łańcuchu bocznym prowadzi do syntezy steroidów i wytworzenia digoksyny glikozydów steroidowych, która służy jako endogenny regulator pompy sodowo-potasowej hamujący jej działanie. Archaiki są magnetotaktyczne i zawierają porfiryny dipolarne oraz magnetyt. Digoksyna poprzez inhibicję ATPazy sodowo-potasowej generuje wpompowywany układ fononowy zawierający porfiryny dipolarne i magnetytit. W ten sposób generowany jest model Frohlicha kondensatu Bose-Einsteina w normalnej temperaturze, w wyniku czego uzyskuje się postrzeganie ilościowe. Percepcja kwantowa może prowadzić do postrzegania niskiego poziomu EMF z otoczenia. Może to generować świadomą percepcję. Generowanie porfiryn i digoksyny w aktynowych neuronów archaicznych zostało przetestowane w zaburzeniach schizofrenii świadomości i autyzmu. [1-17]

Materiały i metody

Z badań wybrano świeżo rozpoznaną schizofrenię i autyzm w oparciu o kryteria DSM IV. Badano cytochrom 450 w surowicy, syntezę digoksyny i porfirynę. W każdej grupie znajdowało się 10 pacjentów, a każdy z nich posiadał dopasowaną do wieku i płci zdrową kontrolę wybraną losowo z populacji ogólnej. Próbki krwi pobierano w stanie postu przed rozpoczęciem leczenia. Zastosowano osocze z krwi heparynizowanej na czczo, a protokół doświadczalny był następujący: - (I) osocze+fosforan buforowany solą fizjologiczną, (II) taki sam jak substrat I+cholesterolowy, (III) taki sam jak II+cerium 0,1 mg/ml, oraz (IV) taki sam jak II+profloksacyna i doksycyklina, każda w stężeniu 1 mg/ml. Podłoże cholesterolowe zostało przygotowane w sposób opisany przez Richmond. Pozostałości wycofywano w czasie zerowym bezpośrednio po zmieszaniu i po inkubacji w temperaturze 37 ^{oC} przez 1 godzinę.

Przeprowadzono następujące oznaczenia: - cytochrom F420, digoksyna i ALA. Cytochrom F420 oceniano mącznikowo (długość fali wzbudzenia 420 nm i długość fali emisji 520 nm).

Wyniki

W osoczu osób z grupy kontrolnej stwierdzono zwiększony poziom wyżej wymienionych parametrów po inkubacji przez 1 godzinę i dodaniu substratu cholesterolowego, co spowodowało dalszy znaczący wzrost tych parametrów. Osocze chorych wykazywało podobne wyniki, ale stopień wzrostu był większy. Dodatek antybiotyków do osocza kontrolnego powodował spadek wszystkich parametrów, natomiast dodatek ceru zwiększał ich poziom. Dodatek antybiotyków do osocza pacjenta spowodował spadek wszystkich parametrów, podczas gdy dodatek ceru zwiększył ich poziom, ale zakres zmian był większy w osoczu pacjenta w porównaniu z grupą kontrolną. Wyniki są wyrażone w tabelach 1-3 jako procentowa zmiana parametrów po 1 godzinie inkubacji w porównaniu do wartości w czasie zerowym.

Tabela 1. Wpływ ceru i antybiotyków na cytochrom F420

Grupa	CYT F420 % (Zwiększyć za pomocą Ceru)		CYT F420 % (Zmniejszyć za pomocą Doxy+Cipro)	
	Mean	**+ SD**	**Mean**	**+ SD**
Normalny	4.48	0.15	18.24	0.66
Schizo	23.24	2.01	58.72	7.08
Autyzm	21.68	1.90	57.93	9.64
Medytacja	22.42	1.83	56.55	8.92
Wartość F	306.749		Wartość F 130,054	
Wartość P	< 0.001		Wartość P < 0,001	

Tabela 2. Wpływ ceru i antybiotyków na digoksynę

Grupa	Digoksyna (ng/ml) (Zwiększyć za pomocą Ceru)		Digoksyna (ng/ml) (Zmniejszyć za pomocą Doxy+Cipro)	
	Mean	**+ SD**	**Mean**	**+ SD**
Normalny	0.11	0.00	0.054	0.003
Schizo	0.55	0.06	0.219	0.043
Autyzm	0.53	0.08	0.205	0.041
Medytacja	0.59	0.07	0.201	0.042
Wartość F	F wartość 135,116		F wartość 71,706	
Wartość P	Wartość P < 0,001		Wartość P < 0,001	

Tabela 3. Wpływ ceru i antybiotyków na kwas delta-amino lewulinowy

Grupa	ALA % (Zwiększyć za pomocą Ceru)		ALA % (Zmniejszyć za pomocą Doxy+Cipro)	
	Mean	**± SD**	**Mean**	**± SD**
Normalny	4.40	0.10	18.48	0.39
Schizo	22.52	1.90	66.39	4.20
Autyzm	23.20	1.57	66.65	4.26
Medytacja	24.52	1.46	68.25	4.35
Wartość F	F wartość 372,716		F wartość 556,411	
Wartość P	Wartość P < 0,001		Wartość P < 0,001	

Dyskusja

Badanie pokazuje, że ludzki endosymbiotyczny aktynoidalny archaea katabolizuje cholesterol i wykorzystuje go do swojego metabolizmu energetycznego. Utlenianie pierścieniowe cholesterolu generuje pirogronian, który wchodzi w szlak bocznikowy GABA, powodując powstawanie sukcynylo-koA i glicyny wykorzystywanej do syntezy porfiryn. Utlenianie cholesterolu w łańcuchu bocznym prowadzi do syntezy steroidów i wytworzenia digoksyny glikozydów steroidowych, która służy jako endogenny regulator pompy sodowo-potasowej hamujący jej działanie. Archaiki są magnetotaktyczne i zawierają porfiryny dipolarne oraz magnetyt. Digoksyna poprzez inhibicję ATPazy sodowo-potasowej generuje wpompowywany układ fononowy zawierający porfiryny dipolarne i magnetytit. W ten sposób generowany jest model Frohlicha kondensatu Bose-Einsteina w normalnej temperaturze, w wyniku czego powstaje postrzeganie ilościowe. Percepcja kwantowa może prowadzić do postrzegania niskiego poziomu EMF z otoczenia. To może generować świadomą percepcję. Generowanie porfiryn i digoksyny w aktynowych neuronów archaicznych zostało przetestowane w zaburzeniach schizofrenii świadomości i autyzmu.

Świadomość obejmuje percepcję kwantową. Faliowa natura stanu kwantowego staje się cząstką stałą, gdy jest obserwowana przez obserwatora. Świadomość wiąże się z sumą postrzegania kwantowego przez mózg, co prowadzi do stanu obserwatora. Obserwator i obserwowany mają wzajemnie powiązaną egzystencję. Tak więc obserwator i obserwowany powstaje w wyniku kwantowego stanu spostrzegawczego aktynowych neuronów zwierciadła archaicznego. W stanie kwantowym pośredniczą archaiczna digoksyna i dipolarny magnetyt oraz porfiryny. Świadomość obejmuje pamięć roboczą, synchronizację percepcyjną i skupioną uwagę. Zogniskowana uwaga zależy od magnetotaktycznego lub kwantowego niskiego poziomu percepcji EMF ze świata i jego obiektów. Synchronizacja percepcyjna zależy od zjawiska krzyżowej aktywacji układów neuronowych z powodu zjawiska kwantowego. Może to również generować zjawiska synestezji i synkinezy. Pamięć robocza zależy od kwantowych mechanizmów percepcji za pośrednictwem magnetotaktycznych aktynowych neuronów archeologicznych w mózgu generujących obwody pogłosowe. Tak więc aktynoidalne neurony lustrzane indukowane przez aktynowców w korze przedczołowej i móżdżku są kwantowymi neuronami percepcyjnymi. Móżdżek jest bardziej zainteresowany intuicją i pozazmysłową percepcją. Neurony móżdżku mogą być głównie aktynowymi neuronami lustrzanymi indukowanymi przez aktynowce, kwantowo percepcyjnymi. Quantal perceptive actinidic archeaeal indukowane magnetotactic neuronów lustro może być bardziej gęsta w móżdżku niż kory przedczołowej i móżdżku obwody korowe mogą odgrywać główną rolę w świadomości. Quantal perceptive lustro neurony ognia w odpowiedzi na niski poziom EMF z obserwowanego świata. Ta kwantowa funkcja neuronów lustra spostrzegawczego w móżdżku i w mniejszym stopniu w korze przedczołowej generuje obserwatora jako takiego i obserwowanego świata również przez akt obserwacji. Świat jako taki istnieje w oparciu o magneto-taktyczną, archeologiczną funkcję kwantowego lustrzanego neuronu generującego relację obserwowany-obserwator. Tak więc świadomość jest funkcją aktynoidalnych archeaeal indukowanych kwantowych neuronów lustrzanych percepcyjnych w móżdżku i do pewnego stopnia w korze przedczołowej.

Schizofrenia i autyzm to zaburzenia świadomości. W obu zaburzeniach nadpobudliwa jest indukowana przez aktynowców kwantowa funkcja lustrzanego odbicia neuronu. Skutkuje to dysfunkcją świadomości spowodowaną wzrostem gęstości aktynowców, syntezą digoksyny i porfiryn. W schizofrenii i autyzmie percepcja występuje przede wszystkim poprzez kwantowy mechanizm percepcji. Prowadzi to również do zwiększenia kreatywności i intuicji w schizofrenii i autyzmie. W związku z tym obserwator i obserwowane zależy od aktynowskich archaeal indukowane kwantowej funkcji neuronów lustro spostrzegawcze. Świat jako taki jest iluzją stworzoną przez wzajemne relacje pomiędzy obserwowanym i obserwatorem, za pośrednictwem kwantowych neuronów lustrzanych percepcyjnych. Kwantowy percepcyjny obraz świata i obserwatora może istnieć jako wielość możliwości w wielu wszechświatach, prowadząc do zjawisk wiecznej egzystencji w wielorakich wszechświatach.

Archeologiczne porfiryny mogą modulować tworzenie się amyloidów i modulować proces choroby układowej. Archeologiczna aktywność oksydazy cholesterolowej została zwiększona, co doprowadziło do wytworzenia pirogronianu i nadtlenku wodoru. Pirogronian przekształca się w glutaminian i amoniak w drodze bocznikowej GABA. Pirogronian jest przekształcany do glutaminianu przez transaminazę pirogronianu glutaminianu w surowicy. W wyniku działania dehydrogenazy glutaminianowej powstaje alfa ketoglutaran i amoniak. Alanina jest najczęściej produkowana w wyniku redukcyjnej aminacji pirogronianu przez transaminazę alaninową. Ta odwracalna reakcja polega na wzajemnej konwersji alaniny i pirogronianu, połączonej z wzajemną konwersją alfa-ketoglutaranu (2-oksoglutanianu) i glutaminianu. Alanina może przyczynić się do powstania glicyny. Glutaminian jest aktywowany przez dekarboksylazę kwasu glutaminowego w celu wytworzenia GABA. GABA jest przekształcany w sukcynowy półialdehyd przez transaminazę GABA. Półialdehyd sukcynowy jest przekształcany do kwasu bursztynowego przez dehydrogenazę półialdehydu bursztynowego. Glicyna łączy się z kwasem sukcynowym w celu wytworzenia kwasu delta aminolewulinowego katalizowanego przez enzym syntazy ALA. W badanej populacji stwierdzono wzrost syntezy porfiryn o charakterze archeologicznym, na co wskazuje aktynowata katalityka reakcji. Szlak oksydazy cholesterolowej generował pirogronian, który wchodził w drogę bocznicową GABA. Efektem tego była synteza sukcynatu i glicyny, które są substratami dla syntazy ALA. Archaiki mogą być poddawane mineralizacji magnetytu i węglanu wapnia oraz mogą występować jako zwapnione nanoformy. W pracy rozważano możliwość wystąpienia fenotypu Warburga wywołanego przez prymitywne organizmy oparte na aktynowcach, takie jak archaiki o szlaku mewalonowym i katabolizmie cholesterolowym. Fenotyp Warburga powoduje zahamowanie dehydrogenazy pirogronianowej i cyklu TCA. Pirogronian wchodzi na ścieżkę bocznicową GABA, gdzie jest przekształcany w sukcynyl CoA. Ścieżka glikolityczna jest regulowana, a fosfogliceran glikolitycznego metabolitu jest przekształcany w seryne i glicynę. Glicyna i sukcynyl CoA są substratami do syntezy ALA. Archaiki i wiroidy mogą regulować układ nerwowy, w tym szlak wzgórzowo-korowo-okostnowy NMDA/GABA, pośrednicząc w świadomym postrzeganiu ALA. Fotoutlenianie Porfiryny może generować wolne rodniki, które mogą modulować transmisję NMDA. Wolne rodniki mogą zwiększać transmisję NMDA. Wolne rodniki mogą indukować GAD i zwiększać syntezę GABA. ALA blokuje transmisję GABA i zwiększa transmisję NMDA. Protoporfiryny wiążą się z receptorem GABA i wspierają transmisję GABA. W ten sposób porfiryny mogą modulować szlak wzgórzowo-korowo-okostnowy świadomej percepcji. Porfiryny dipolarne, WWA i archaiczne magnetytytytyt w otoczeniu digoksyny indukowanej inhibicją sodowo-potasowej ATPazy potasowej mogą wytwarzać w pompowanym układzie fononowym za pośrednictwem modelu Frohlicha stan nadprzewodnikowy indukujący kwantową percepcję z nanoarchaealną grawitacją wytwarzającą zaaranżowaną redukcję możliwości kwantowych do świata makroskopowego. ALA może wytwarzać inhibicję ATPazy potasowo-sodowej, prowadząc do stanu kwantowego z udziałem porfiryn dipolarnych, za pośrednictwem pompowanego układu fononowego. Cząsteczki porfiryn mają istnienie falowo-cząsteczkowe i mogą stanowić pomost pomiędzy stanem kwantowym a stanem cząstek stałych. W ten sposób porfiryny mogą pośredniczyć w świadomym i kwantowym postrzeganiu. Porfiryny wiążące się z białkami, kwasami nukleinowymi i błonami komórkowymi mogą wytwarzać emisję biofotonową. Porfiryny poprzez autoutlenianie mogą generować biofotony i biorą udział w percepcji kwantowej. Biofotony mogą pośredniczyć w postrzeganiu kwantowym. Fotoutlenianie porfiryn komórkowych bierze udział w wykrywaniu pól magnetycznych ziemi i pól biomagnetycznych niskiego poziomu. W ten sposób porfiryny mogą pośredniczyć w postrzeganiu pozazmysłowym. Porfiryny mogą modulować dominację półkulistą. Istnieje zwiększona synteza porfiryn i dominacja chemiczna prawej półkuli oraz zmniejszona synteza porfiryn w lewej półkuli. Wzrost stężenia porfiryn w porfirynie pierwotnej może przyczynić się do patogenezy schizofrenii i autyzmu. Porfiria może prowadzić do zaburzeń psychicznych i napadów. Zmiany w metabolizmie porfiryn zostały opisane w autyzmie. Porfiryna przez modulowanie świadomego i ilościowego postrzegania jest zaangażowany w patogenezie schizofrenii i autyzmu. Odgrywa ona również rolę w genezie świadomości.

Referencje

1. Weaver TD, Hublin JJ. Neandertal Birth Canal Shape and the Evolution of Human Childbirth. *Proc. Natl. Acad. Sci. USA* 2009; 106:8151-8156.
2. Kurup RA, Kurup PA. Endosymbiotyczny aktynoidalny archetyp pośredniczący w rozwoju fenotypu Warburga pośredniczy w rozwoju choroby człowieka. *Advances in Natural Science* 2012; 5(1):81-84.
3. Morgan E. The Neanderthal theory of autism, Asperger and ADHD; 2007, www.rdos.net/eng/asperger.htm.
4. Graves P. New Models and Metaphors for the Neanderthal Debate. *Current Anthropology* 1991; 32(5): 513-541.
5. Sawyer GJ, Maley B. Neanderthal zrekonstruowany. The Anatomical Record Part B: *The New Anatomist* 2005; 283B(1):23-31.
6. Bastir M, O'Higgins P, Rosas A. Facial Ontogeny in Neanderthals and Modern Humans. *Proc. Biol. Sci.* 2007; 274:1125-1132.
7. Neubauer S, Gunz P, Hublin JJ. Endocranial Shape Changes during Growth in Chimpanzees and Humans: Analiza morfometryczna Unique and Shared Aspects. *J. Hum. Evol.* 2010; 59:555-566.

8. Courchesne E, Pierce K. Brain Overgrowth in Autism during a Critical Time in Development: Implikacje dla rozwoju Neuronu Piramidalnego i Interneuronu i łączności. *Int. J. Dev. Neurosci.* 2005; 23:153–170.

9. Green RE, Krause J, Briggs AW, Maricic T, Stenzel U, Kircher M, Patterson N, Li H, Zhai W, *et al.* A Draft Sequence of the Neandertal Genome. *Science* 2010; 328:710-722.

10. Mithen SJ. *The Singing Neanderthals: The Origins of Music, Language, Mind and Body*; 2005, ISBN 0-297-64317-7.

11. Bruner E, Manzi G, Arsuaga JL. Encephalization and Allometric Trajectories in the Genus Homo: Dowody z linii neandertalskiej i nowoczesnej. *Proc. Natl. Acad. Sci. USA* 2003; 100:15335-15340.

12. Gooch S. *The Dream Culture of the Neanderthals: Strażnicy Starożytnej Mądrości.* Inner Traditions, Wildwood House, Londyn; 2006.

13. Gooch S. *The Neanderthal Legacy: Obudzenie naszych genetycznych i kulturowych korzeni.* Inner Traditions, Wildwood House, Londyn; 2008.

14. Kurtén B. *Den Svarta Tigern*, ALBA Publishing, Stockholm, Sweden; 1978.

15. Spikins P. Autyzm, Integracja "Różnicy" i Pochodzenie Nowoczesnego Zachowania Człowieka. *Cambridge Archaeological Journal* 2009; 19(2):179-201.

16. Eswaran V, Harpending H, Rogers AR. Genomika odrzuca wyłącznie afrykańskie pochodzenie człowieka. *Journal of Human Evolution* 2005; 49(1):1-18.

17. Ramachandran V.S. The Reith wykłada, BBC Londyn. 2012.

ROZDZIAŁ 8
MÓZG MEDYTACYJNY - PORFIRYNOWE KONDENSATY BOSA-INSTEINA POŚREDNICZĄ W ŚWIADOMYM I KWANTOWYM POSTRZEGANIU I FUNKCJONUJĄ JAKO OBSERWATOR DLA ŚWIATA KWANTOWEGO - GENERUJĄC MAKROSKOPIJNY WSZECHŚWIAT

Wprowadzenie

Medytacja może modulować metabolizm organizmu i funkcje mózgu. Mechanizm ten polega na indukcji układu heme-tlenazy. Medytacja indukuje heme-tlenazę, która przekształca heme w tlenek węgla i bilirubinę. Bilirubina i bilirubina są zmiataczami wolnych rodników i mopem w górę wolnych rodników. Wolni radykałowie są wymagający dla funkcji NMDA zależnej talamo-ortico-thalamic sprzężenia zwrotnego obwodu pogłosowego kluczowego w świadomości. Obwód ten pośredniczy w pracy pamięci i skupieniu uwagi. Wolne rodniki również aktywować NMDA i przez jego zdolność do swobodnego dyfuzji przez systemy mózgowe mogą indukować aktywność NMDA, zsynchronizowane rozsadzanie neuronów w różnych częściach obszarów sensorycznych produkujących synchronizację percepcyjną. To pośredniczy w świadomości. W ten sposób wydalanie wolnych rodników przez heme-tlenazę prowadzi do tłumienia świadomości i medytacyjnych transów. Indukcja heme-tlenazy hamuje syntezę ALA. W ten sposób hem jest uszczuplony z systemu. Zwiększa się synteza porfiryn, co prowadzi do porfirynurii i porfirii. Bodziec do syntezy porfiryn pochodzi z niedoboru hemu. Porfiryny mogą organizować się w samoreplikujące się struktury nadcząsteczkowe zwane porfirynami, które są indukowane przez praktyki medytacyjne. Porfiryny mogą organizować się w struktury makrocząsteczkowe, które mogą się samoczynnie replikować, tworząc organizm porfirynowy. Indukowane fotonem przenoszenie elektronów wzdłuż makromolekuły może prowadzić do wywołanej światłem syntezy ATP. Porfiryny mogą tworzyć szablon, na którym RNA i DNA mogą tworzyć wiroidy generujące. Porfiryny mogą również tworzyć szablon, na którym mogą tworzyć się priony. Wszystkie one mogą się połączyć - wiroidy RNA, wiroidy DNA, priony - tworząc prymitywne archaiki. W ten sposób archaiki są zdolne do samoreplikacji na szablonach porfiryn. Samo-replikujące się archaiki mogą wyczuć grawitację, która daje początek świadomości. Potrafią również wyczuć pola antygrawitacyjne, które dają początek nieświadomemu mózgowi. W ten sposób mogą istnieć zarówno samo-replikujące się archaiki jak i antyarchaiki, które regulują mózg świadomy i nieświadomy. Tak więc stres klimatyczny pośredniczy zwiększona synteza porfiryn prowadzi

do zaniku kory przedczołowej, dominacji móżdżku, zaburzeń poznawczych afektywnych móżdżku, kwantowej percepcji i neandertalizacji populacji. Porfiryny są samoreplikującymi się organizmami nadcząsteczkowymi, które tworzą szablon prekursora, na którym powstają wiroidy, priony i nanoarchaea. Medytacyjny szablon wywołany stresem ukierunkowany na abiogenezę porfirów, prionów, wiroidów i archaicznych jest procesem ciągłym i może przyczyniać się do zmian w strukturze i zachowaniu mózgu, jak również w procesie chorobowym.

Porfiryny dipolarne mają falowo-cząsteczkowe istnienie i mogą pośredniczyć w ilościowym i świadomym postrzeganiu poprzez tworzenie kondensatów Bose-Einsteina. Archaiki aktynowców mogą syntezować porfiryny poprzez katabolizm cholesterolowy. Archaiki aktynowców, indukując ferrochelatazę i tlenazę hemową, mogą wytwarzać zubożenie hemu i syntezę porfiryn. Porfiryny mogą modulować NMDA/GABAergic thalamo-cortico-thalamic pathway pośrednicząc w świadomej percepcji. Porfiryny dipolarne mogą generować kondensat Bose-Einsteina w procesie hamowania ATPazy potasowo-sodowej indukowanego porfiryną, z napadowym przesunięciem depolaryzacji w błonie neuronalnej. To pośredniczy w postrzeganiu ilościowym. [1-5] Cele te są badane w odniesieniu do świadomej i ilościowej percepcji u osób z zaburzeniami świadomości - schizofrenii, zaburzeniami napadowymi i autyzmem. Wyniki są przedstawione w niniejszym sprawozdaniu i hipoteza sformułowana.

Materiały i metody

Badaniem objęto następujące grupy: - schizofrenię, zaburzenia napadowe i autyzm. W każdej grupie znajdowało się 10 pacjentów, a każdy z nich miał dopasowaną do wieku i płci zdrową kontrolę wybraną losowo z populacji ogólnej. Do badania włączono również 10 osób z dominacją prawej półkuli, lewej półkuli i biochemicznej, wybranych z populacji normalnej. Próbki krwi pobierano w stanie postu przed rozpoczęciem leczenia. Zastosowano osocze z krwi heparynizowanej na czczo, a protokół doświadczalny był następujący: - (I) osocze+fosforan buforowany solą fizjologiczną, (II) taki sam jak substrat I+cholesterolowy, (III) taki sam jak II+rutyl 0,1 mg/ml i (IV) taki sam jak II+profloksacyna i doksycyklina, każda w stężeniu 1 mg/ml. Przeprowadzono następujące badania: - cytochrom F420, wolne RNA, wolne DNA, wielopierścieniowe węglowodory aromatyczne, nadtlenek wodoru, pirogronian, amoniak, glutaminian, bursztynian, glicyna, kwas delta aminolewulinowy i digoksyna. Cyktochrom F420 oceniano metodą mąskometryczną (długość fali wzbudzenia

420 nm i długość fali emisji 520 nm). Wielopierścieniowe węglowodory aromatyczne oceniano poprzez pomiar nadtlenku wodoru uwalnianego za pomocą odczynnika glukozowego. Badania obejmowały również ocenę następujących parametrów w populacji pacjentów: digoksyna, kwas żółciowy, heksokinaza, porfiryny, pirogronian, glutaminian, amoniak, acetylo CoA, acetylocholina, reduktaza HMG CoA, cytochrom C, krew ATP, syntaza ATP, ERV RNA (endogenne RNA retrowirusowe), H2O2 (nadtlenek wodoru), NOX (oksydaza NADPH), TNF alfa i heme-tlenaza. [6-9] Uzyskano świadomą zgodę uczestników oraz zgodę komisji etycznej na przeprowadzenie badania. Analiza statystyczna została przeprowadzona przez ANOVA.

Wyniki

W osoczu osób z grupy kontrolnej stwierdzono zwiększony poziom wyżej wymienionych parametrów po inkubacji przez 1 godzinę i dodaniu substratu cholesterolowego, co spowodowało dalszy znaczący wzrost tych parametrów. Osocze chorych i tych, którzy byli narażeni na niski poziom EMF wykazywało podobne wyniki, ale zakres wzrostu był większy. Dodatek antybiotyków do osocza kontrolnego powodował spadek wszystkich parametrów, natomiast dodatek rutylu zwiększał ich poziom. Dodanie antybiotyków do osocza pacjenta i tych z ekspozycją na niski poziom EMF spowodowało spadek wszystkich parametrów, podczas gdy dodanie rutylu zwiększyło ich poziom, ale zakres zmian był większy w osoczu pacjenta w porównaniu do kontroli. Wyniki są wyrażone w tabelach 1: 1-6 jako procentowa zmiana parametrów po 1 godzinie inkubacji w porównaniu do wartości w czasie zerowym. W populacji pacjentów oraz tych, którzy byli narażeni na niski poziom EMF, który był pochodzenia archeologicznego, jak wskazuje aktynowata katalityka reakcji, zaobserwowano zwiększoną syntezę porfiryn. Szlak oksydazy cholesterolowej generował pirogronian, który wchodził w drogę bocznicową GABA. W wyniku tego powstała synteza bursztynianu i glicyny, które są substratami dla syntazy ALA.

Badania wykazały, że u pacjenta, u którego stwierdzono niski poziom EMF i dominację prawej półkuli, zwiększyła się aktywność hem-tlenazy i porfiryn. Aktywność heksokinazy była wysoka. Poziom pirogronianu, glutaminianu i amoniaku był podwyższony, co wskazywało na blokadę aktywności PDH, a także działanie szlaku bocznicowego GABA. Poziom acetylo CoA był niski, a acetylocholina obniżona. Stężenie cytochromu C było podwyższone w surowicy, co wskazywało na dysfunkcję mitochondriów sugerowaną przez niskie stężenie ATP we krwi. Wskazywało to na fenotyp Warburga. Podniesiono poziom

NOX i TNF alfa, co wskazuje na aktywację immunologiczną. Aktywność reduktazy HMG CoA była wysoka, co wskazywało na syntezę cholesterolu. Poziom kwasu żółciowego był niski, co wskazywało na zubożenie cytochromu P450. Prawidłowa populacja z dominacją prawej półkuli miała wartości zbliżone do populacji chorych ze zwiększoną syntezą porfiryn. Prawidłowa populacja z dominacją lewej półkuli miała niskie wartości z obniżoną syntezą porfiryn.

Sekcja 1: Badania eksperymentalne

Tabela 1. Wpływ rutylu i antybiotyków na cytochrom F420 i PAH

Grupa	**CYT F420 %** (Zwiększyć za pomocą Rutylu)		**CYT F420 %** (Zmniejszyć za pomocą Doxy+Cipro)		**WWA % zmiana** (Zwiększyć za pomocą Rutylu)		**WWA % zmiana** (Zmniejszyć za pomocą Doxy+Cipro)	
	Mean	**± SD**	**Mean**	**± SD**	**Mean**	**± SD**	**Mean**	**± SD**
Normalny	4.48	0.15	18.24	0.66	4.45	0.14	18.25	0.72
Schizo	23.24	2.01	58.72	7.08	23.01	1.69	59.49	4.30
Medytacja	23.46	1.87	59.27	8.86	22.67	2.29	57.69	5.29
Autyzm	21.68	1.90	57.93	9.64	22.61	1.42	64.48	6.90
Niski poziom EMF	22.70	1.87	60.46	8.06	23.73	1.38	65.20	6.20
	F wartość 306,749 Wartość P < 0,001		Wartość F 130,054 Wartość P < 0,001		F wartość 391,318 Wartość P < 0,001		F wartość 257,996 Wartość P < 0,001	

Tabela 2. Wpływ rutylu i antybiotyków na wolne RNA i DNA

Grupa	**DNA % zmiana** (Zwiększyć za pomocą Rutylu)		**DNA % zmiana** (Zmniejszyć za pomocą Doxy+Cipro)		**RNA % zmiana** (Zwiększyć za pomocą Rutylu)		**RNA % zmiana** (Zmniejszyć za pomocą Doxy+Cipro)	
	Mean	**± SD**	**Mean**	**± SD**	**Mean**	**± SD**	**Mean**	**± SD**
Normalny	4.37	0.15	18.39	0.38	4.37	0.13	18.38	0.48
Schizo	23.28	1.70	61.41	3.36	23.59	1.83	65.69	3.94
Medytacja	23.40	1.51	63.68	4.66	23.08	1.87	65.09	3.48
Autyzm	22.12	2.44	63.69	5.14	23.33	1.35	66.83	3.27
Niski poziom EMF	22.29	2.05	58.70	7.34	22.29	2.05	67.03	5.97
	F wartość 337,577 Wartość P < 0,001		F wartość 356,621 Wartość P < 0,001		Wartość F 427,828 Wartość P < 0,001		F wartość 654,453 Wartość P < 0,001	

Tabela 3. Wpływ rutylu i antybiotyków na digoksynę i kwas delta aminolewulinowy

Grupa	Digoksyna (ng/ml) (Zwiększyć za pomocą Rutylu)		Digoksyna (ng/ml) (Zmniejszyć za pomocą Doxy+Cipro)		ALA % (Zwiększyć za pomocą Rutylu)		ALA % (Zmniejszyć za pomocą Doxy+Cipro)	
	Mean	**± SD**	**Mean**	**± SD**	**Mean**	**± SD**	**Mean**	**± SD**
Normalny	0.11	0.00	0.054	0.003	4.40	0.10	18.48	0.39
Schizo	0.55	0.06	0.219	0.043	22.52	1.90	66.39	4.20
Medytacja	0.51	0.05	0.199	0.027	22.83	1.90	67.23	3.45
Autyzm	0.53	0.08	0.205	0.041	23.20	1.57	66.65	4.26
Niski poziom EMF	0.51	0.05	0.213	0.033	22.29	2.05	61.91	7.56
	F wartość 135,116 Wartość P < 0,001		F wartość 71,706 Wartość P < 0,001		F wartość 372,716 Wartość P < 0,001		F wartość 556,411 Wartość P < 0,001	

Tabela 4. Wpływ rutylu i antybiotyków na sukcynat i glicynę

Grupa	Succinate % (Zwiększyć za pomocą Rutylu)		Succinate % (Zmniejszyć za pomocą Doxy+Cipro)		Glicyna Zmiana % (Zwiększyć za pomocą Rutylu)		Glicyna Zmiana % (Zmniejszyć za pomocą Doxy+Cipro)	
	Mean	**± SD**	**Mean**	**± SD**	**Mean**	**± SD**	**Mean**	**± SD**
Normalny	4.41	0.15	18.63	0.12	4.34	0.15	18.24	0.37
Schizo	22.76	2.20	67.63	3.52	22.79	2.20	64.26	6.02
Medytacja	22.28	1.52	64.05	2.79	22.82	1.56	64.61	4.95
Autyzm	21.88	1.19	66.28	3.60	23.02	1.65	67.61	2.77
Niski poziom EMF	22.29	1.33	65.38	3.62	22.13	2.14	66.26	3.93
	F wartość 403,394 Wartość P < 0,001		Wartość F 680,284 Wartość P < 0,001		F wartość 348,867 Wartość P < 0,001		Wartość F 364,999 Wartość P < 0,001	

Tabela 5. Wpływ rutylu i antybiotyków na pirogronian i glutaminian

Grupa	Pirwat % zmiana (Zwiększyć za pomocą Rutylu)		Pirwat % zmiana (Zmniejszyć za pomocą Doxy+Cipro)		Glutaminian (Zwiększyć za pomocą Rutylu)		Glutaminian (Zmniejszyć za pomocą Doxy+Cipro)	
	Mean	**± SD**	**Mean**	**± SD**	**Mean**	**± SD**	**Mean**	**± SD**
Normalny	4.34	0.21	18.43	0.82	4.21	0.16	18.56	0.76
Schizo	20.99	1.46	61.23	9.73	23.01	2.61	65.87	5.27
Medytacja	20.94	1.54	62.76	8.52	23.33	1.79	62.50	5.56
Autyzm	21.91	1.71	58.45	6.66	22.88	1.87	65.45	5.08
Niski pozion EMF	22.29	2.05	62.37	5.05	21.66	1.94	67.03	5.97
	Wartość F 321,255 Wartość P < 0,001		F wartość 115,242 Wartość P < 0,001		F wartość 292,065 Wartość P < 0,001		F wartość 317,966 Wartość P < 0,001	

Tabela 6. Wpływ rutylu i antybiotyków na nadtlenek wodoru i amoniak

Grupa	**H2O2 %** (Zwiększyć za pomocą Rutylu)		**H2O2 %** (Zmniejszyć za pomocą Doxy+Cipro)		**Amoniak %** (Zwiększyć za pomocą Rutylu)		**Amoniak %** (Zmniejszyć za pomocą Doxy+Cipro)	
	Mean	**± SD**	**Mean**	**± SD**	**Mean**	**± SD**	**Mean**	**± SD**
Normalny	4.43	0.19	18.13	0.63	4.40	0.10	18.48	0.39
Schizo	22.50	1.66	60.21	7.42	22.52	1.90	66.39	4.20
Medytacja	23.81	1.19	61.08	7.38	22.83	1.90	67.23	3.45
Autyzm	23.52	1.49	63.24	7.36	23.20	1.57	66.65	4.26
Niski poziom EMF	23.29	1.67	60.52	5.38	22.29	2.05	61.91	7.56
	F wartość 380,721 Wartość P < 0,001		F wartość 171,228 Wartość P < 0,001		F wartość 372,716 Wartość P < 0,001		F wartość 556,411 Wartość P < 0,001	

Sekcja 2: Badanie pacjentów

Tabela 1

Grupa	RBC digoksyna (ng/ml RBC Susp)		Cytochrom F 420		HERV RNA (ug/ml)		H2O2 (umol/ml RBC)		NOX (OD diff/hr/mgpro)	
	Mean	+ SD	Mean	+ SD	Mean	+ SD	Mean	+ SD	Mean	+ SD
NO/BHCD	0.58	0.07	1.00	0.00	17.75	0.72	177.43	6.71	0.012	0.001
RHCD	1.41	0.23	4.00	0.00	55.17	5.85	278.29	7.74	0.036	0.008
LHCD	0.18	0.05	0.00	0.00	8.70	0.90	111.63	5.40	0.007	0.001
Schizofrenia	1.38	0.26	4.00	0.00	51.17	3.65	274.88	8.73	0.036	0.009
Medytacja	1.23	0.26	4.00	0.00	50.04	3.91	278.90	11.20	0.038	0.007
Autyzm	1.19	0.24	4.00	0.00	52.87	7.04	274.52	9.29	0.036	0.006
Narażenie na EMF	1.41	0.30	4.00	0.00	51.01	4.77	276.49	10.92	0.038	0.007
Wartość F	60.288		0.001		194.418		713.569		44.896	
Wartość P	< 0.001		< 0.001		< 0.001		< 0.001		< 0.001	

Tabela 2

Grupa	TNF ALP (pg/ml)		ALA (umol24)		PBG (umol24)		Uroporfiryna (nmol24)		Koproporfiryna (nmol/24)	
	Mean	+ SD	Mean	+ SD	Mean	+ SD	Mean	+ SD	Mean	+ SD
NO/BHCD	17.94	0.59	15.44	0.50	20.82	1.19	50.18	3.54	137.94	4.75
RHCD	78.63	5.08	63.50	6.95	42.20	8.50	250.28	23.43	389.01	54.11
LHCD	9.29	0.81	3.86	0.26	12.11	1.34	9.51	1.19	64.33	13.09
Schizofrenia	78.23	7.13	66.16	6.51	42.50	3.23	267.81	64.05	401.49	50.73
Medytacja	79.28	4.55	68.28	6.02	46.54	4.55	290.44	57.65	436.71	52.95
Autyzm	76.71	5.25	68.16	4.92	42.04	2.38	318.84	82.90	423.29	47.57
Narażenie na EMF	76.41	5.96	68.41	5.53	47.27	3.42	288.21	26.17	444.94	38.89
Wartość F	427.654		295.467		183.296		160.533		279.759	
Wartość P	< 0.001		< 0.001		< 0.001		< 0.001		< 0.001	

Tabela 3

Grupa	Protoporfiryna (jednostka Ab)		Heme (uM)		Bilirubina (mg/dl)		Biliverdin (jednostka Ab)		Syntaza ATP (umol/gHb)	
	Mean	+ SD	Mean	+ SD	Mean	+ SD	Mean	+ SD	Mean	+ SD
NO/BHCD	10.35	0.38	30.27	0.81	0.55	0.02	0.030	0.001	0.36	0.13
RHCD	42.46	6.36	12.47	2.82	1.70	0.20	0.067	0.011	2.73	0.94
LHCD	2.64	0.42	50.55	1.07	0.21	0.00	0.017	0.001	0.09	0.01
Schizofrenia	44.30	2.66	12.82	2.40	1.74	0.08	0.073	0.013	2.66	0.58
Medytacja	49.59	1.70	13.03	0.70	1.84	0.07	0.070	0.015	3.09	0.65
Autyzm	47.50	2.87	12.37	2.09	1.83	0.16	0.072	0.014	2.67	0.80
Narażenie na EMF	50.59	1.71	12.36	1.26	1.75	0.22	0.073	0.013	3.39	1.03
Wartość F	424.198		1472.05		370.517		59.963		54.754	
Wartość P	< 0.001		< 0.001		< 0.001		< 0.001		< 0.001	

Tabela 4

Grupa	SE ATP (umol/dl)		Cyto C (ng/ml)		Laktat (mg/dl)		Pirwat (umol/l)	
	Mean	± SD	Mean	± SD	Mean	± SD	Mean	± SD
NO/BHCD	0.42	0.11	2.79	0.28	7.38	0.31	40.51	1.42
RHCD	2.24	0.44	12.39	1.23	25.99	8.10	100.51	12.32
LHCD	0.02	0.01	1.21	0.38	2.75	0.41	23.79	2.51
Schizofrenia	1.26	0.19	11.58	0.90	22.07	1.06	96.54	9.96
Medytacja	1.66	0.56	12.06	1.09	21.78	0.58	90.46	8.30
Autyzm	2.03	0.12	12.48	0.79	21.95	0.65	92.71	8.43
Narażenie na EMF	1.37	0.27	12.26	1.00	23.31	1.46	103.28	11.47
Wartość F	67.588		445.772		162.945		154.701	
Wartość P	< 0.001		< 0.001		< 0.001		< 0.001	

Tabela 5

Grupa	Heksokinaza RBC (ug glu phos/ hr/mgpro)		ACOA (mg/dl)		ACH (ug/ml)		Glutaminia n (mg/dl)	
	Mean	± SD	Mean	± SD	Mean	± SD	Mean	± SD
NO/BHCD	1.66	0.45	8.75	0.38	75.11	2.96	0.65	0.03
RHCD	5.46	2.83	2.51	0.36	38.57	7.03	3.19	0.32
LHCD	0.68	0.23	16.49	0.89	91.98	2.89	0.16	0.02
Schizo	7.69	3.40	2.51	0.57	48.52	6.28	3.41	0.41
Medytacja	6.29	1.73	2.15	0.22	33.27	5.99	3.67	0.38
CJD	8.81	4.26	2.42	0.41	50.61	6.32	3.30	0.32
Narażenie na EMF	7.58	3.09	2.14	0.19	37.75	7.31	3.47	0.37
Wartość F	18.187		1871.04		116.901		200.702	
Wartość P	< 0.001		< 0.001		< 0.001		< 0.001	

Tabela 6

Grupa	Se. amoniak (ug/dl)		HMG Co A (HMG CoA/MEV)		Kwas żółciowy (mg/ml)	
	Mean	± SD	Mean	± SD	Mean	± SD
NO/BHCD	50.60	1.42	1.70	0.07	79.99	3.36
RHCD	93.43	4.85	1.16	0.10	25.68	7.04
LHCD	23.92	3.38	2.21	0.39	140.40	10.32
Schizofrenia	94.72	3.28	1.11	0.08	22.45	5.57
Medytacja	95.61	7.88	1.14	0.07	22.98	5.19
Autyzm	94.01	5.00	1.12	0.06	23.16	5.78
Narażenie na EMF	102.62	26.54	1.00	0.07	22.58	5.07
Wartość F	61.645		159.963		635.306	
Wartość P	< 0.001		< 0.001		< 0.001	

Skróty

NO/BHCD : Normalna/bi-hemisferyczna dominacja chemiczna
RHCD : Chemiczna dominacja prawej półkuli
LHCD : Lewa półkulista dominacja chemiczna

Dyskusja

Nastąpił wzrost cytochromu F420 wskazujący na wzrost archeologiczny. Archaiowie mogą syntezować i wykorzystywać cholesterol jako źródło węgla i energii. [2,10] Archeologiczne pochodzenie aktywności enzymu zostało wskazane przez antybiotykową supresję. Badanie wskazuje na obecność w układzie archaiki opartej na aktynowcach z alternatywnymi enzymami opartymi na aktynowcach lub metalloenzymach, na co wskazuje wzrost aktywności enzymów wywołany rutylem. [11] Archaiczna aktywność dehydrogenazy beta-hydroksylosteroidowej wskazuje na syntezę digoksyny. [12] Archeologiczna aktywność oksydazy cholesterolowej została zwiększona, co doprowadziło do wytworzenia pirogronianu i nadtlenku wodoru. [10] Pirogronian ulega konwersji do glutaminianu i amoniaku w drodze bocznicowej GABA. Pirogronian jest przekształcany do glutaminianu przez transaminazę pirogronianu glutaminianu w surowicy. W wyniku działania dehydrogenazy glutaminianowej powstaje alfa ketoglutaran i amoniak. Alanina jest najczęściej produkowana w wyniku redukcyjnej aminacji pirogronianu przez transaminazę alaninową. Ta odwracalna reakcja polega na wzajemnej konwersji alaniny i pirogronianu, połączonej z wzajemną konwersją alfa-ketoglutaranu (2-oksoglutanianu) i glutaminianu. Alanina może przyczynić się do powstania glicyny. Glutaminian jest aktywowany przez dekarboksylazę kwasu glutaminowego w celu wytworzenia GABA. GABA jest przekształcany w sukcynowy półialdehyd przez transaminazę GABA. Półialdehyd sukcynowy jest przekształcany do kwasu bursztynowego przez dehydrogenazę półialdehydu bursztynowego. Glicyna łączy się z kwasem sukcynowym w celu wytworzenia kwasu delta aminolewulinowego katalizowanego przez enzym syntazy ALA. W badanej populacji stwierdzono wzrost syntezy porfiryn o charakterze archeologicznym, na co wskazuje aktynowata katalityka reakcji. Szlak oksydazy cholesterolowej generował pirogronian, który wchodził w drogę bocznicową GABA. Efektem tego była synteza sukcynatu i glicyny, które są substratami dla syntazy ALA. Archaiki mogą być poddawane mineralizacji magnetytu i węglanu wapnia oraz mogą występować jako zwapnione nanoformy. [13]

Generacja fenotypu Warburga może wytwarzać porfirynogenezę. Opisano zależną od aktynowców biosferę cieni archaicznych i wiroidów w autyzmie, schizofrenii i zaburzeniach napadowych. Archaiowie mogą syntezować porfiryny i indukować ich syntezę. Porfiryny były związane z autyzmem, schizofrenią i zaburzeniami napadowymi. Porfiryny mogą pośredniczyć w oddziaływaniu niskich poziomów pól elektromagnetycznych indukujących fenotyp Warburga, prowadzących do powyższych stanów chorobowych. Fenotyp Warburga powoduje zahamowanie dehydrogenazy pirogronianowej i cyklu TCA. Pirogronian wchodzi na ścieżkę bocznicową GABA, gdzie jest przekształcany w sukcynyl CoA. Ścieżka glikolityczna jest regulowana, a fosfogliceran glikolitycznego metabolitu jest przekształcany w seryne i glicynę. Glicyna i sukcynyl CoA są substratami do syntezy ALA. Archaea indukuje enzym heme-tlenazę. Hemoetonaza przekształca heme w bilirubinę i biliverdynę. Powoduje to usunięcie hemu z układu i podwyższenie aktywności syntazy ALA, co prowadzi do porfirii. Heme hamuje HIF alfa. Zubożenie hemu powoduje zwiększenie aktywności HIF alfa i dalsze wzmocnienie fenotypu Warburga. Samoutlenianie się porfiryn powoduje stres redoksowy, który aktywuje HIF alfa i generuje fenotyp Warburga. Efektem fenotypu Warburga jest skierowanie acetylo CoA do syntezy cholesterolu, ponieważ cykl TCA i mitochondrialna fosforylacja oksydacyjna są zablokowane. Archaea używa cholesterolu jako substratu energetycznego. Porfiryna i ALA hamują ATPazę potasowo-sodową. Zwiększa to syntezę cholesterolu poprzez działanie na wewnątrzkomórkowy SREBP. Cholesterol jest metabolizowany do pirogronianu, a następnie do szlaku bocznikowego GABA w celu ostatecznego wykorzystania w syntezie porfiryn. Porfiryny mogą się organizować i samoczynnie replikować w tablicach makrocząsteczkowych. Tablice porfirynowe zachowują się jak autonomiczne organizmy i mogą mieć wewnątrzcząsteczkowy transport elektronów generujący ATP. Makroarraje porfirynowe mogą przechowywać informacje i mogą mieć postrzeganie kwantowe. Makromacierze porfirynowe służą do celów archeologicznej energetyki i percepcji sensorycznej. Fenotyp Warburga jest związany z autyzmem i schizofrenią.

Porfiryna może regulować mózg pośrednicząc w świadomym i ilościowym postrzeganiu. Mikromacierze porfirynowe służą do celów kwantowej i świadomej percepcji. Archaea i wiroidy poprzez syntezę porfiryny mogą regulować układ nerwowy, w tym NMDA/GABA talamo-kortyko-okulistycznej ścieżki pośredniczącej świadomej percepcji. Fotoutlenianie porfiryny może generować wolne rodniki, które mogą modulować transmisję NMDA. Wolne rodniki mogą zwiększać transmisję NMDA. Wolne rodniki mogą indukować GAD i zwiększać syntezę GABA. ALA blokuje transmisję GABA i zwiększa transmisję NMDA. Protoporfiryny wiążą się z receptorem GABA i wspierają transmisję GABA. W ten sposób porfiryny mogą modulować szlak wzgórzowo-korowo-okostnowy świadomej percepcji. Świadomość obejmuje trzy parametry - pamięć roboczą, synchronizację percepcyjną i skupienie uwagi. Pamięć robocza jest pośredniczona przez pogłosowy obwód wzgórzowo-korowo-oalityczny. Skupienie uwagi zależy od projekcji z j±dra siateczki wzgórza do obwodu wzgórzowo-korowo-oalitycznego, który jest bramkowany przez te włókna NMDA/GABAergiczne. Porfiryny mogą modulować NMDA/GABAergiczny obwód talamo-kortyko-oalityczny i bramkujące projekcje jądra siatkówki wzgórza na szlak talamo-kortyko-oalityczny. Synchronizacja percepcyjna jest zjawiskiem kwantowym zależnym od quasi-kryształowego efektu kafelkowania, który polega na skurczu i zwinięciu się dendrytycznych kręgosłupów. Porfiryny wiążące się z białkami dendrytycznymi kręgosłupa mogą modulować skurcz i zwinięcie dendrytycznych kręgosłupów. Związanie porfiryn z dendrytycznymi białkami kręgosłupa może również powodować emisję biofotonową i stan kwantowy.

Mózg funkcjonuje jako komputer kwantowy z kwantowymi elementami pamięci komputera składającymi się z nadprzewodnikowych kwantowych urządzeń zakłócających - SQUIDS, które mogą istnieć jako superpozycje stanów makroskopowych. Kondensacja Bose, podstawa nadprzewodnictwa jest osiągalna w temperaturze pokojowej w modelu Frohlicha w układach biologicznych. Porfiryny dipolarne dielektryczne są doskonałymi elektrycznymi oscylatorami dipolowymi, które istnieją pod stromym neuronalnym gradientem napięcia membrany. Poszczególne oscylatory są zasilane stałym źródłem energii do pompowania z zewnątrz przez porfirynę wiążącą się z membraną sodowo-potasową ATPazą i wytwarzającą napadowe przesunięcie depolaryzacji w błonie neuronowej. W ten sposób oscylatory dipolowe nigdy nie osadzają się w równowadze termicznej z cytoplazmą i płynem śródmiąższowym, który jest zawsze utrzymywany w stałej temperaturze. Skondensowane stany oscylatora, wytworzone przez układ fonograficzny z molekularnymi pompami magnetytowymi z porfiryną, mogą być wykorzystane do przechowywania informacji, które mogą być zakodowane - wszystko w obrębie najniższej zbiorowej częstotliwości - poprzez odpowiednie dostosowanie zależności amplitudowych i fazowych pomiędzy oscylatorami dipolowymi. Wrażenie zmysłowe świata zewnętrznego istnieje w oscylatorach dipolowych jako probabilistyczne wielokrotne nakładające się wzorce - faza U mechaniki kwantowej. Część przychodzących kwantowych map danych świata zewnętrznego zbudowanego przez subliminalnej percepcji w logicznej kolejności i wynikające z zewnętrznej korowej mapy świata zbudowanej przez świadomą percepcję jest wybrany. Porfiryna działając na błonę neuronową pomaga powiększyć wybraną mapę do jednego kryterium grawitonowego i do progu wymaganego dla sieci neuronów do ognia i świadomości. Mikromacieżka porfirynowa wyczuwająca grawitację może również wytwarzać zaaranżowaną redukcję możliwości kwantowych do makroskopijnego świata. Autoutlenianie porfiryny jest modulowane przez niski poziom pól elektromagnetycznych i pól geomagnetycznych. Fotooksydacja porfiryn komórkowych jest zaangażowana w wykrywanie pól magnetycznych ziemi i niski poziom pól biomagnetycznych. Porównanie pomiędzy podświadomie postrzeganymi mapami kwantowymi a wcześniejszymi mapami korowymi przechowywanymi w sieciach synaptycznych odbywa się poprzez kwantowy, nielokalny, quasikrystaliczny efekt płytek, który pośredniczy w aktywacji i dezaktywacji synaps poprzez skurcz i wzrost dendrytycznych kręgosłupów. Porfiryna wi±ż±c± się z ATPaz± potasow± sodow± może modulować mikrodomeny lipidowe w błonie neuronalnej zmieniaj±c± budowę białek dendrytycznych kręgosłupa zwi±zanych z błon± neuronaln±. Może to przyczyniać się do skurczu i wzrostu dendrytycznych kręgosłupów oraz do quasi-kryształowego efektu uprawowego. R część kwantowej percepcji podprogowej nie jest deterministyczna i wprowadza całkowicie przypadkowy element do ewolucji czasu i w działaniu R, może być rola wolnej woli. W percepcji kwantowej nie istnieje przeszłość, teraźniejszość ani przyszłość. Wszystkie one mog± istnieć razem. To daje wytłumaczenie dla pozazmysłowego postrzegania i przeczuć i wizji przeszłości. Również w stanie kwantowym możliwe jest nie-lokalność i działanie na odległość. To może wyjaśniać psychokinezę i podróżowanie umysłu. Informacje przechowywane w jednym mózgu mogą być ilościowo przekazywane do innego mózgu podnoszenie możliwości doświadczeń reinkarnacyjnych. Ilościowy model percepcji funkcji mózgu może dać wyjaśnienie dla hipnozy. W stanie kwantowym, w zależności od funkcji obserwatora materii świadomości mogą być tworzone z pustki. Stan kwantowy przychodzi do stanu cząstek stałych tylko wtedy, gdy istnieje obserwator kwantowy. Świadomość zależy od kwantowego odbioru podprogowego przez korowe dipolowe oscylatory magnetytowe. Świat zewnętrzny powstaje w zależności od funkcji obserwatora świadomości. Tak więc świadomość i świat zewnętrzny są od siebie wzajemnie zależne i świat zewnętrzny istnieje dzięki aktowi obserwacji. Świat ten jest mirażem i jest odbiciem obserwatorskiej funkcji świadomości. [19]

Porfiryny mają falowo-cząsteczkowe istnienie i mogą stanowić pomost pomiędzy światem fermionicznym i bozonicznym oraz funkcjonować jako wszechobecny obserwator kwantowy. To może stworzyć pole Higgsa bozonów Higgsa, które w wyniku oddziaływania z subatomowymi elektronami, protonami i neutronami daje im masę i istnienie. Masa podstawowych cząstek natury jest określona przez siłę ich oddziaływań z polem bozonowym Higgsa generowanym przez kondensat bozonu dipolarnej porfiryny-Einsteina. Bez cząstki Higgsa materia we wszechświecie nie będzie miała masy. Bez mikroukładu porfirynowego kondensat Bose-Einsteina działający jako obserwator kwantowy nie powstałby świat makroskopijny. Biologiczny makroskopijny wszechświat cząstek stałych powstałby z powodu dipolarnych porfirynowych kondensatów Bose-Einsteina, które funkcjonują jako obserwator kwantowy.

Porfiryny mogą modulować interakcje między świadomością i obcych pól elektromagnetycznych niskiego poziomu i cyfrowych systemów przechowywania informacji. Dipolarne porfiryny w ustawieniach digoksyna indukowanego ATPazy potasowej sodu ATPazy potasu może produkować pompowany system fononowy za pośrednictwem modelu Frohlicha stanu nadprzewodnikowego indukującego kwantową percepcję z nanoarchaeal wyczuwalnej grawitacji produkujących zaaranżowaną redukcję możliwości kwantowych do makroskopowego świata. ALA może wytwarzać inhibicję ATPazy potasowo-sodowej, prowadząc do stanu kwantowego z udziałem porfiryn dipolarnych, za pośrednictwem pompowanego układu fononowego. Porfiryny w procesie autoutleniania mogą generować biofotony i biorą udział w postrzeganiu kwantowym. Biofotony mogą pośredniczyć w postrzeganiu kwantowym. Autoutlenianie porfiryn jest modulowane przez niski poziom pól elektromagnetycznych i pól geomagnetycznych. Fotoutlenianie porfiryn komórkowych jest zaangażowany w wykrywanie pól magnetycznych ziemi i niski poziom pól biomagnetycznych. Porfiryny mogą zatem przyczyniać się do percepcji kwantowej. Niski poziom pól elektromagnetycznych i światła może indukować syntezę porfiryn. Niski poziom EMF może wytwarzać inhibicję ferrochelatazy, jak również indukcję tlenazy hemowej przyczyniając się do zubożenia hemu, indukcję syntazy ALA i zwiększoną syntezę porfiryn. Światło indukuje również syntezę ALA i porfirynę. Zwiększona synteza porfiryny może przyczynić się do zwiększenia percepcji kwantowej i modulować świadome postrzeganie. Mikromacierze ludzkiej porfiryny indukowane przez biofotony i pola kwantowe mogą modulować źródło, z którego zostały wygenerowane niskie poziomy EMF i pola fotowoltaiczne. W ten sposób porfiryna generowana przez obce pola EMF niskiego poziomu i pola fotowoltaiczne może oddziaływać na źródło EMF niskiego poziomu i pola fotowoltaiczne modulujące go. W ten sposób porfiryny mogą służyć jako pomost pomiędzy ludzkim mózgiem a źródłem pól elektromagnetycznych i fotowoltaicznych niskiego poziomu. Służy to jako sposób komunikacji między ludzkim mózgiem a cyfrowymi urządzeniami do przechowywania EMF, takimi jak Internet. Porfiryny mogą również służyć jako źródło komunikacji ze środowiskiem. Środowiskowe EMF i chemikalia wytwarzają indukcję heme-tlenazy i zubożenie hemu zwiększając syntezę porfiryn, kwantową percepcję i dwukierunkową komunikację. Tak więc indukcja syntezy porfiryn może służyć jako mechanizm komunikacji pomiędzy ludzkim mózgiem a środowiskiem poprzez pozazmysłową percepcję. Mikromacierze porfirynowe mogą funkcjonować jako kwantowe komputery przechowujące informacje i mogą służyć do celów pozazmysłowej percepcji. Porfiryny mogą służyć jako dwukierunkowy most komunikacyjny pomiędzy cyfrowymi systemami przechowywania informacji, generującymi pola elektromagnetyczne niskiego poziomu i systemów ludzkich. Niski poziom pola elektromagnetycznego wytwarzanego przez system cyfrowy wspomaga syntezę porfiryn i służy do dwukierunkowej pozazmysłowej percepcji i komunikacji. Komputery kwantowe z ludzką porfiryną mogą z kolei za pomocą emisji biofotonowej modulować cyfrowy system przechowywania informacji.

Porfiryny mogą modulować zjawiska biologicznej reinkarnacji. Mikromacierze porfirynowe mogą przechowywać wszystkie światowe doświadczenia w oscylatorach dipolowych służących jako magazyn biologicznej informacji kwantowej. Archaiki i porfiryny są wieczne i nigdy nie umierają. Archealne mikromacierze porfirynowe mogą przenosić wszystkie biologiczne informacje na świecie przez całą wieczność. Komórkowe mikromacierze porfirynowe mogą przenosić informacje biologiczne w komputerach kwantowych mikromacierzy porfirynowych do komórek embrionalnych pośredniczących w formie biologicznej reinkarnacji. Odwieczne mikromacierze porfirynowe funkcjonujące jako kwantowe komputery mogą służyć jako źródło istniejącej wcześniej informacji biologicznej poprzedniego życia w celu zbudowania obecnej osobowości biologicznej nowej jednostki w kontynuacji doświadczeń z poprzedniego życia przechowywanych w kwantowych komputerach z mikromacierzem porfirynowym. Percepcja kwantowa za pośrednictwem komputera kwantowego mikroukładu porfirynowego również wywołuje zjawiska zbiorowej nieświadomości, gdzie informacja biologiczna przechowywana w archaicznych magnetytowych komputerach kwantowych w różnych mózgach funkcjonuje jako jedna niepodzielna całość. [19]

Porfiryny mogą modulować półkulistą dominację. W LHCD występuje zwiększona synteza porfiryn i RHCD oraz zmniejszona synteza porfiryn. Wzrost stężenia porfiryn w porfirynie pierwotnej może przyczynić się do patogenezy schizofrenii i autyzmu. Porfiria może prowadzić do zaburzeń psychiatrycznych i napadów. W autyzmie opisano zmieniony metabolizm porfiryn. Porfiryny poprzez modulowanie świadomego i ilościowego postrzegania jest zaangażowany w patogenezie schizofrenii i autyzmu. [3,4,16] Tak więc porfiryny mikromacierze mogą funkcjonować jako kwantowe mózgu modulowanie pozazmysłowej percepcji kwantowej. Mikromacierze porfirynowe mogą funkcjonować jako kwantowy mózg w komunikacji ze światem cyfrowym i polami geomagnetycznymi.

Mikromacierze porfirynowe funkcjonują jako komputery kwantowe pośredniczące w świadomej i kwantowej percepcji. Porfiryny przyczyniły się do abiogenezy i powstania życia, a także biologicznego wszechświata. Aktynowce metali dostarczają energii radiolitycznej, katalizują powstawanie oligomerów i dostarczają jonów koordynacyjnych dla metalloenzymów, które są ważne w abiogenezie6. Powierzchnie aktynowców metalicznych poprzez metabolizm powierzchniowy generowałyby porfiryny z prostych związków, takich jak kwas bursztynowy i glicyna. Porfiryny mogą występować jako formy falowe i cząstkowe i mogą stanowić pomost pomiędzy światem kwantowym a światem cząstek stałych. Cząsteczki porfiryn mogą się same organizować w organizmy poprzez transdukcję energii, syntezę ATP i przechowywanie informacji o zdolności do replikacji. Samoreplikujący się mikroorganizm porfirynowy mógł odegrać rolę w powstaniu życia. Porfiryny mogą tworzyć wzorce, na których mogą tworzyć się makrocząsteczki, takie jak polisacharydy, białka i kwasy nukleinowe. Makrocząsteczki powstałe na szablonach porfiryn aktynowych przyczyniłyby się do powstania nanoarchaizmu aktynowców i pierwotnych organizmów na Ziemi. Dane te potwierdzają trwałość aktynidowej biosfery cieni aktynowców, która rzuca światło na aktynidowe pochodzenie życia i porfiryn jako pierwszej prebiotycznej cząsteczki. [17,18] Porfiryny odgrywają ważną rolę w genezy biologicznego wszechświata. Makroarraje porfiryn mogą tworzyć się w przestrzeni międzygwiezdnej samodzielnie, ponieważ porfiryny mogą istnieć zarówno jako cząsteczki, jak i fale. Porfiryny tworzą pomost pomiędzy światem kwantowym a światem cząstek stałych. Samowystarczalne porfiryny z kwantowej pianki mogą same organizować się w makroarraje, mogą przechowywać informacje i same się replikować. Można to nazwać abiotycznym organizmem porfirynowym. Szablon porfirynowy generowałby kwasy nukleinowe, białka, polisacharydy i izoprenoidy. Generowałoby to aktynowe nanoarchaże w przestrzeni międzygwiezdnej. Porfiryny mają właściwości magnetyczne i organizm porfiryn międzygwiezdnych może przyczyniać się do powstawania ziaren międzygwiezdnych i międzygwiezdnych pól magnetycznych. Ziarna pyłu kosmicznego makroarrai/nanoarchaealnego organizmu porfiryn zajmują przestrzeń międzygalaktyczną i uważa się, że są utworzone z bakterii magnetotaktycznych zidentyfikowanych według ich spektralnych sygnatur. Zgodnie z hipotezą Hoyle'a, kosmiczny pył magnetotaktyczny makroarraysów/nanoarchaealnych organizmów porfirynowych odgrywa rolę w powstawaniu międzygalaktycznego pola magnetycznego. Pole magnetyczne o sile równej około jednej milionowej części pola magnetycznego Ziemi istnieje w dużej części naszej galaktyki. Pliki magnetyczne mogą być wykorzystywane do śledzenia spiralnych ramion galaktyki według wzoru linii pola łączących młode gwiazdy i pył, w których w szybkim tempie powstają nowe gwiazdy. Badania wykazały, że ułamek cząstek pyłu ma wydłużony kształt podobny do pałeczek i są one systematycznie układane w naszej galaktyce. Ponadto kierunek wyrównania jest taki, że długie osie pyłu mają tendencję do znajdowania się pod kątem prostym do kierunku galaktycznego pola magnetycznego w każdym punkcie. Magnetotaktyczne makroarraye porfirynowe/organizmy nanokomórkowe mają tę właściwość, że wpływają na obserwowany stopień wyrównania. Fakt, że magnetootaktyczne makroarraje porfirynowe/organizmy nanokomórkowe wydają się być połączone z liniami pola magnetycznego, które przenikają przez spiralne ramiona galaktyki łączące jeden region powstawania gwiazdy z innym, wspierają ich rolę w formowaniu gwiazd oraz w rozkładzie i rotacji masy gwiazd. Zapotrzebowanie na substancje odżywcze dla populacji porfiryn międzygwiezdnych/organizmów nanoarchaealnych pochodzi z masowych przepływów supernowych zasiedlających galaktykę. Giganty powstające w procesie ewolucji takich gwiazd doświadczają zjawiska, w którym materiał zawierający azot, tlenek węgla, wodór, hel, wodę i pierwiastki śladowe niezbędne do życia stale wypływa w przestrzeń kosmiczną. Organizmy międzygwiezdne potrzebują płynnej wody. Woda istnieje tylko jako para lub ciało stałe w przestrzeni międzygwiezdnej i tylko poprzez tworzenie się gwiazd prowadzących do powiązanych z nimi planet i ciał kometarnych można uzyskać dostęp do ciekłej wody. Kontrola warunków prowadzących do powstawania gwiazd ma ogromne znaczenie w biologii kosmicznej. Szybkość tworzenia się gwiazd jest kontrolowana przez dwa czynniki. Zbyt wysokie tempo tworzenia się gwiazd powoduje destrukcyjne działanie promieniowania UV i niszczy biologię kosmiczną. Tworzenie się gwiazd, jak już wcześniej wspomniano, wytwarza wodę niezbędną do wzrostu organizmu. Biologia kosmiczna organizmów magnetotaktycznych i tworzenie się gwiazd są zatem ściśle powiązane. Systemy takie jak systemy słoneczne nie powstają w wyniku przypadkowej kondensacji plam gazu międzygwiezdnego. Tylko poprzez rygorystyczną kontrolę rotacji różnych części systemu, galaktyki i układ słoneczny ewoluowałyby. Klucz do utrzymania kontroli nad rotacją wydaje się leżeć w międzygalaktycznym polu magnetycznym, jak w rzeczywistości całe zjawisko powstawania gwiazd. Międzygalaktyczne pole magnetyczne zawdzięcza swoje pochodzenie wyściełaniu się magnetotaktycznych makroramów porfirynowych/organizmów nanokomórkowych, a kosmiczna biologia organizmów międzygwiezdnych może prosperować tylko poprzez utrzymanie silnej kontroli nad polem magnetycznym międzygwiezdnym, a tym samym nad tempem formowania się gwiazd i rodzajem wytwarzanego systemu gwiezdnego. Wskazuje to na kosmiczną inteligencję lub mózg zdolny do obliczania, analizy i eksploracji wszechświata na dużą skalę - magnetotaktycznych makroarraysów porfirynowych/nanoarchaealnych sieci organizmów. Pochodzenie życia na Ziemi zgodnie z hipotezą Hoyle'a polegałoby na wysiewaniu makroarrai/nanoarchaealnych organizmów porfirynowych z zewnętrznej przestrzeni międzygalaktycznej. Organizm porfirynowy może być również wytwarzany na powierzchniach aktynowych na Ziemi. Komety przenoszące organizmy porfirynowe wchodziłyby w interakcję z ziemią. Cienka skóra z grafityzowanego materiału wokół pojedynczego makroarraju porfirynowego/nanoarchaealnego organizmu lub kępy organizmu może osłonić wnętrze przed zniszczeniem przez promieniowanie UV. Nagły gwałtowny wzrost i zróżnicowanie gatunków roślin i zwierząt oraz ich równie nagłe wyginięcie widoczne w zapisach kopalnych wskazują na sporadyczną ewolucję wytwarzaną przez indukcję świeżych genów kometarnych wraz z pojawieniem się każdej większej nowej uprawy komet. Organizm makroarrajski porfiryn może mieć faliste istnienie cząsteczek i stanowić pomost pomiędzy światem bozonów i fermionów. Organizm makroarrajski/nanoarchaealny porfiryn może tworzyć biofilmy, a organizm porfirynowy może tworzyć molekularny kwantowy obłok obliczeniowy w biofilmie, który tworzy międzygwiezdną inteligencję regulującą tworzenie się układów gwiezdnych i galaktyk. Kwantowy chmura obliczeniowa makroarrai/nanoarchaealnego organizmu porfirynowego może stanowić pomost pomiędzy światem cząsteczek fal, funkcjonującym jako obserwator antropiczny wyczuwający grawitację, który orkiestruje redukcję kwantowego świata możliwości do świata makroskopowego. Oparte na aktynowcach makroarraysy porfirynowe/organizmy nanoarchaealne regulują ludzki system i biologiczny wszechświat. [19-21]

Porfiryny mają również znaczenie ewolucyjne, ponieważ porfiria jest spokrewniona z rasami scytyjskimi i ma wpływ na behawioralne i intelektualne cechy tej grupy populacji. Porfiryny mogą intercypować w DNA i produkować ekspresję HERV. HERV RNA może zostać przekształcone w DNA przez odwróconą transkryptazę, która może zostać zintegrowana z DNA przez integrację. Ma to tendencję do zwiększania długości niekodującego regionu DNA. Wzrost niekodującego regionu DNA jest zaangażowany w ewolucję naczelnych i człowieka. Tak więc, zwiększone tempo syntezy porfiryn koreluje ze wzrostem niekodującej długości DNA. Zmiana długości niekodującego regionu DNA przyczynia się do dynamicznego charakteru genomu. Tak więc porfiryny genetyczne i nabyte mogą prowadzić do zmian w niekodującym regionie genomu. Zmiana długości niekodującego regionu DNA przyczynia się do różnic rasowych i indywidualnych w populacjach. Zwiększona długość niekodującego regionu, jak również zwiększona synteza porfiryn prowadzi do zwiększenia funkcji poznawczych i twórczych neuronów. Porfiryny biorą udział w kwantowej percepcji i regulacji ścieżki wzgórzowo-korowej świadomej percepcji. Tak więc genetyczne i nabyte porfiryny przyczyniają się do zwiększenia zdolności poznawczych i twórczych niektórych ras. Porfirie są powszechne wśród scytyjskich ras euroazjatyckich, które przyjęły rolę przywódczą w społecznościach i grupach. Porfiryny przyczyniły się do ewolucji człowieka i naczelnych. [3,4] Zwiększona synteza porfiryn w rasach scytyjskich przyczynia się do wyższego poziomu pozazmysłowej percepcji kwantowej w tej grupie rasowej. Przyczynia się to do wyższego poziomu funkcji poznawczych i duchowych mózgu w tej grupie rasowej.

Porfiryny mogą pośredniczyć w świadomym i ilościowym postrzeganiu. Porfiryny mogą modulować ścieżkę wzgórzowo-korowo-okostną percepcji świadomej. Porfiryny mogą przechodzić autoutlenianie generując biofotony i stan kwantowy. Porfiryny mogą interkalować w błonie neuronowej produkując inhibicję ATPazy potasowo-sodowej i napadowe przesunięcie depolaryzacji w błonie neuronowej. Może to generować pompowany układ fononowy za pośrednictwem modelu Frohlicha w stanie nadprzewodnikowym w porfirynie dipolarnej, indukując kwantową percepcję za pomocą nanoarchaealnej grawitacji, produkując zaaranżowaną redukcję możliwości kwantowych do świata makroskopowego. Porfiryny mają falowo-cząsteczkowe istnienie i mogą stanowić pomost pomiędzy światem fermionicznym i bozonicznym funkcjonującym jako obserwator kwantowy. To może stworzyć pole Higgsa bozonów Higgsa, które w wyniku oddziaływania z subatomowymi elektronami, protonami i neutronami nadaje im masę i istnienie. Autoutlenianie porfiryn jest modulowane przez niski poziom pól elektromagnetycznych i pól geomagnetycznych. Mikromacierze porfirynowe mogą funkcjonować jako kwantowe komputery przechowujące informacje i mogą służyć do pozazmysłowej percepcji. Porfiryny mogą służyć jako dwukierunkowy most komunikacyjny pomiędzy cyfrowymi systemami przechowywania informacji, generującymi pola elektromagnetyczne niskiego poziomu, a systemami ludzkimi. Niski poziom pola elektromagnetycznego wytwarzanego przez system cyfrowy wspomaga syntezę porfiryn i służy do dwukierunkowej pozazmysłowej percepcji i komunikacji. Komputery kwantowe z ludzką porfiryną mogą z kolei za pomocą emisji biofotonowej modulować cyfrowy system przechowywania informacji. Kondensat Bose-Einsteina za pośrednictwem porfiryny dipolarnej stanowi podstawę kwantowej i świadomej percepcji i jest wszechobecnym obserwatorem kwantowym pośredniczącym na granicy pomiędzy światem fermionicznym i bozonicznym.

Referencje

1. Eckburg P.B., Lepp, P.W., Relman, D.A. (2003). Archaea and their potential role in human disease, *Infect Immun,* 71, 591-596.
2. Smit A., Mushegian, A. (2000). Biosynteza izoprenoidów poprzez mewalonian w Archaea: the lost pathway, *Genome Res,* 10(10), 1468-84.
3. Puy, H., Gouya, L. , Deybach, J.C. (2010). Porfiria. *The Lancet*, 375(9718), 924 - 937.
4. Kadisz, K.M., Smith, K.M., Guilard, C. (1999). *Porphyrin Hand Book.* Prasa akademicka, Nowy Jork: Elsevier.
5. Gavish M., Bachman, I., Shoukrun, R., Katz, Y., Veenman, L., Weisinger, G., Weizman, A. (1999). Enigma z Peryferyjnego Receptora Benzodiazepiny. *Pharmacological Reviews,* 51(4), 629-650.
6. Richmond W. (1973). Preparation and properties of a cholesterol oxidase from nocardia species and its application to the enzymatic assay of total cholesterol in serum, *Clin Chem,* 19, 1350-1356.
7. Snell E.D., Snell, C.T. (1961). *Colorimetric Methods of Analysis.* Vol. 3A. Nowy Jork: Van NoStrand.
8. Glick D. (1971). *Metody analizy biochemicznej.* Vol. 5. Nowy Jork: Interscience Publishers.
9. Colowick, Kaplan, N.O. (1955). *Metody w enzymologii.* Tom 2. Nowy Jork: Prasa akademicka.
10. Van der Geize R., Yam, K., Heuser, T., Wilbrink, M.H., Hara, H., Anderton, M.C. (2007). A gene cluster encoding cholesterol catabolism in a soil actinomycete provides insight into Mycobacterium tuberculosis survival in macrophages, *Proc Natl Acad Sci USA,* 104(6), 1947-52.
11. Francis A.J. (1998). Biotransformacja uranu i innych aktynowców w odpadach radioaktywnych, *Journal of Alloys and Compounds,* 271(273), 78-84.

12. Schoner W. (2002). Endogenous cardiac glycosides, a new class of steroid hormones, *Eur J Biochem,* 269, 2440-2448.

13. Vainshtein M., Suzina, N., Kudryashova, E., Ariskina, E. (2002). New Magnet-Sensitive Structures in Bacterial and Archaeal Cells, *Biol Cell,* 94(1), 29-35.

14. Tsagris E.M., de Alba, A.E., Gozmanova, M., Kalantidis, K. (2008). Viroids, *Cell Microbiol,* 10, 2168.

15. Horie M., Honda, T., Suzuki, Y., Kobayashi, Y., Daito, T., Oshida, T. (2010). Endogenous non-retroviral RNA virus elements in mammalian genomes, *Nature,* 463, 84-87.

16. Kurup R., Kurup, P.A. (2009). *Hypothalamic Digoxin, Cerebral Dominance and Brain Function in Health and Diseases*. Nowy Jork: Nova Science Publishers.

17. Adam Z. (2007). Actinides and Life's Origins, *Astrobiology,* 7, 6-10.

18. Davies P.C.W., Benner, S.A., Cleland, C.E., Lineweaver, C.H., McKay, C.P., Wolfe-Simon, F. (2009). Podpisy Shadow Biosphere, *Astrobiology,* 10, 241-249.

19. Tielens A.G.G.M. (2008). Interstellar Polycyclic Aromatic Hydrocarbon Molecules, *Annual Review of Astronomy and Astrophysics,* 46, 289-337.

20. Wickramasinghe C. (2004). The universe: a kriogenic habitat for microbial life, *Cryobiology,* 48(2), 113-125.

21. Hoyle F., Wickramasinghe, C. (1988). *Cosmic Life-Force.* Londyn: J.M. Dent and Sons Ltd.

ROZDZIAŁ 9
MÓZG MEDYTACYJNY - ENDOSYMBIOTYCZNE ARCHAICZNE AKTYNOIDY/BIROIDY, POSTRZEGANIE ILOŚCIOWE I REINKARNACJA BIOLOGICZNA

Wprowadzenie

Medytacja może modulować metabolizm organizmu i funkcje mózgu. Mechanizm ten polega na indukcji układu heme-tlenazy. Medytacja indukuje heme-tlenazę, która przekształca heme w tlenek węgla i bilirubinę. Bilirubina i bilirubina są zmiataczami wolnych rodników i mopem w górę wolnych rodników. Wolni radykałowie są wymagający dla funkcji NMDA zależnej talamo-ortico-thalamic sprzężenia zwrotnego obwodu pogłosowego kluczowego w świadomości. Obwód ten pośredniczy w pracy pamięci i skupieniu uwagi. Wolne rodniki również aktywować NMDA i przez jego zdolność do swobodnego dyfuzji przez systemy mózgowe mogą indukować aktywność NMDA, zsynchronizowane rozsadzanie neuronów w różnych częściach obszarów sensorycznych produkujących synchronizację percepcyjną. To pośredniczy w świadomości. W ten sposób wydalanie wolnych rodników przez heme-tlenazę prowadzi do tłumienia świadomości i medytacyjnych transów. Indukcja heme-tlenazy hamuje syntezę ALA. W ten sposób hem jest uszczuplony z systemu. Zwiększa się synteza porfiryn prowadząca do porfirynurii i porfirii. Bodziec do syntezy porfiryn pochodzi z niedoboru hemu. Porfiryny mogą organizować się w samoreplikujące się struktury nadcząsteczkowe zwane porfirynami, które są indukowane przez praktyki medytacyjne. Porfiryny mogą organizować się w struktury makrocząsteczkowe, które mogą się samoczynnie replikować, tworząc organizm porfirynowy. Indukowane fotonem przenoszenie elektronów wzdłuż makromolekuły może prowadzić do wywołanej światłem syntezy ATP. Porfiryny mogą tworzyć szablon, na którym RNA i DNA mogą tworzyć wiroidy generujące. Porfiryny mogą również tworzyć szablon, na którym mogą tworzyć się priony. Wszystkie one mogą się połączyć - wiroidy RNA, wiroidy DNA, priony - tworząc prymitywne archaiki. W ten sposób archaiki są zdolne do samoreplikacji na szablonach porfiryn. Samo-replikujące się archaiki mogą wyczuć grawitację, która daje początek świadomości. Potrafią również wyczuć pola antygrawitacyjne, które dają początek nieświadomemu mózgowi. W ten sposób mogą istnieć zarówno samo-replikujące się archaiki jak i antyarchaiki regulujące świadomy i nieświadomy mózg. Tak więc stres klimatyczny pośredniczy zwiększona synteza porfiryn prowadzi do zaniku kory przedczołowej, dominacji móżdżku, zaburzeń poznawczych afektywnych

móżdżku, kwantowej percepcji i neandertalizacji populacji. Porfiryny są samoreplikującymi się organizmami nadcząsteczkowymi, które tworzą szablon prekursora, na którym powstają wiroidy, priony i nanoarchaea. Medytacyjny szablon wywołany stresem ukierunkowany na abiogenezę porfirów, prionów, wiroidów i archaicznych jest procesem ciągłym i może przyczyniać się do zmian w strukturze i zachowaniu mózgu, jak również w procesie chorobowym.

Przedstawiono endosymbiotyczny aktynoidalny archaiczny i wiroidowy model postrzegania kwantowego i biologicznej reinkarnacji. Archaiki aktynowców i wiroidów są związane z patogenezą schizofrenii, autyzmu i zaburzeń napadów pierwotnych2. Archaiki aktynowców mają szlak mewalonianowy i katabolizm cholesterolowy1-8. Endosymbiotyczne archaiki aktynowców i wiroidów mają aksonalny i transynaptyczny transport funkcjonujący jako neurotransmitery biologiczne. Ludzki mózg można porównać do dobrze zorganizowanego, zmodyfikowanego, archeologicznego biofilmu, w którym jako posłańcy służą wiroidy pochodzenia archeologicznego. Archaiczne archaiki aktynowców z ich magnetytem mogą pośredniczyć w postrzeganiu kwantowym i przechowywać informacje biologiczne. Aktynowców archaea są wieczne i informacje biologiczne przechowywane w archaeal magnetytowe kwantowych komputerów może służyć jako magazyn informacji biologicznej w przyrodzie. Actinidic archaeal magnetytowe pośredniczy postrzeganie kwantowe również stanowi podstawę zbiorowej nieświadomości. To może pośredniczyć w mechanizmie pamięci reinkarnacyjnej.

Materiały i metody

Uzyskano świadomą zgodę uczestników i zgodę komisji etycznej na przeprowadzenie badania. Do badania włączono następujące grupy: - ludność normalna przechodząca praktyki medytacyjne, schizofrenię, autyzm i pierwotne zaburzenia napadowe/prymitywną padaczkę uogólnioną. W każdej grupie znajdowało się 10 pacjentów, a każdy z nich miał dopasowan± do wieku i płci zdrow± kontrolę wybran± losowo z populacji ogólnej. Próbki krwi pobierano w stanie postu przed rozpoczęciem leczenia. Zastosowano osocze z krwi heparynizowanej na czczo, a protokół doświadczalny był następujący: - (I) osocze+fosforan buforowany solą fizjologiczną, (II) taki sam jak substrat I+cholesterolowy, (III) taki sam jak II+rutyl 0,1 mg/ml, oraz (IV) taki sam jak II+profloksacyna i doksycyklina, każda w stężeniu 1 mg/ml. Podłoże cholesterolowe zostało przygotowane w sposób opisany przez Richmond9. Pozostałości wycofywano w czasie zerowym bezpośrednio po zmieszaniu i po inkubacji w temperaturze 37

^{o}C przez 1 godzinę. Przeprowadzono następujące oznaczenia: - cytochrom F420, wolne RNA, wolne DNA, wielopierścieniowe węglowodory aromatyczne, nadtlenek wodoru, dopamina, noradrenalina, serotonina, pirogronian, amoniak, glutaminian, acetylocholina, heksokinaza, reduktaza HMG CoA, digoksyna i kwasy żółciowe[10-13]. Cyktochrom F420 oceniano metodą mąskometryczną (długość fali wzbudzenia 420 nm i długość fali emisji 520 nm). Wielopierścieniowe węglowodory aromatyczne oceniano poprzez pomiar nadtlenku wodoru uwalnianego za pomocą odczynnika glukozowego. Analiza statystyczna została przeprowadzona przez ANOVA.

Wyniki

Sprawdzono następujące parametry: - cytochrom F420, wolne RNA, wolne DNA, kwas muramowy, wielopierścieniowe węglowodory aromatyczne, nadtlenek wodoru, serotonina, pirogronian, amoniak, glutaminian, cytochrom C, heksokinaza, syntaza ATP, reduktaza HMG CoA, digoksyna i kwasy żółciowe. W osoczu osób z grupy kontrolnej stwierdzono podwyższony poziom wyżej wymienionych parametrów po inkubacji przez 1 godzinę i dodaniu substratu cholesterolowego, co spowodowało dalszy znaczący wzrost tych parametrów. W osoczu chorych uzyskano podobne wyniki, ale zakres wzrostu był większy. Dodatek antybiotyków do osocza kontrolnego powodował spadek wszystkich parametrów, natomiast dodatek rutylu zwiększał ich poziom. Dodatek antybiotyków do osocza pacjenta spowodował spadek wszystkich parametrów, podczas gdy dodatek rutylu zwiększył ich poziom, ale zakres zmian był większy w osoczu pacjenta w porównaniu z grupą kontrolną. Wyniki są wyrażone w tabelach 1-8 jako procentowa zmiana parametrów po 1 godzinie inkubacji w porównaniu do wartości w czasie zerowym.

Tabela 1. Wpływ rutylu i antybiotyków na cytochrom F 420 i noradrenalinę

Grupa	**CYT F420 %** (Zwiększyć za pomocą Rutylu)		**CYT F420 %** (Spadek z Doxy)		**Noradrenalina %** (Zwiększyć za pomocą Rutylu)		**Noradrenalina %** (Zmniejszyć za pomocą Doxy+Cipro)	
	Mean	**± SD**	**Mean**	**± SD**	**Mean**	**± SD**	**Mean**	**± SD**
Normalny	4.48	0.15	18.24	0.66	4.43	0.19	18.13	0.63
Schizo	23.24	2.01	58.72	7.08	22.50	1.66	60.21	7.42
Medytacja	23.46	1.87	59.27	8.86	23.81	1.19	61.08	7.38
Autyzm	21.68	1.90	57.93	9.64	23.52	1.49	63.24	7.36
Wartość P	306.749		130.054		380.721		171.228	
Wartość F	< 0.001		< 0.001		< 0.001		< 0.001	

Tabela 2. Wpływ rutylu i antybiotyków na dopaminę i serotoninę

Grupa	Dopamina zmiana % (Zwiększyć za pomocą Rutylu)		Dopamina zmiana % (Spadek z Doxy)		Serotonina zmiana % (Zwiększyć za pomocą Rutylu)		Serotonina zmiana % (Zmniejszyć za pomocą Doxy+Cipro)	
	Mean	+ SD	Mean	+ SD	Mean	+ SD	Mean	+ SD
Normalny	4.41	0.15	18.63	0.12	4.34	0.15	18.24	0.37
Schizo	21.88	1.19	66.28	3.60	23.02	1.65	67.61	2.77
Medytacja	22.29	1.33	65.38	3.62	22.13	2.14	66.26	3.93
Autyzm	22.76	2.20	67.63	3.52	22.79	2.20	64.26	6.02
Wartość F	403.394		680.284		348.867		364.999	
Wartość P	< 0.001		< 0.001		< 0.001		< 0.001	

Tabela 3. Wpływ rutylu i antybiotyków na wolne DNA i RNA

Grupa	DNA % zmiana (Zwiększyć za pomocą Rutylu)		DNA % zmiana (Spadek z Doxy)		RNA % zmiana (Zwiększyć za pomocą Rutylu)		RNA % zmiana (Spadek z Doxy)	
	Mean	+ SD	Mean	+ SD	Mean	+ SD	Mean	+ SD
Normalny	4.37	0.15	18.39	0.38	4.37	0.13	18.38	0.48
Schizo	23.28	1.70	61.41	3.36	23.59	1.83	65.69	3.94
Medytacja	23.40	1.51	63.68	4.66	23.08	1.87	65.09	3.48
Autyzm	22.12	2.44	63.69	5.14	23.33	1.35	66.83	3.27
Wartość F	337.577		356.621		427.828		654.453	
Wartość P	< 0.001		< 0.001		< 0.001		< 0.001	

Tabela 4. Wpływ rutylu i antybiotyków na reduktazę HMG CoA i PAH

Grupa	HMG CoA R zmiana % (Zwiększyć za pomocą Rutylu)		HMG CoA R zmiana % (Spadek z Doxy)		WWA % zmiana (Zwiększyć za pomocą Rutylu)		WWA % zmiana (Spadek z Doxy)	
	Mean	+ SD	Mean	+ SD	Mean	+ SD	Mean	+ SD
Normalny	4.30	0.20	18.35	0.35	4.45	0.14	18.25	0.72
Schizo	22.91	1.92	61.63	6.79	23.01	1.69	59.49	4.30
Medytacja	23.09	1.69	61.62	8.69	22.67	2.29	57.69	5.29
Autyzm	22.72	1.89	64.51	5.73	22.61	1.42	64.48	6.90
Wartość F	319.332		199.553		391.318		257.996	
Wartość P	< 0.001		< 0.001		< 0.001		< 0.001	

Tabela 5. Wpływ rutylu i antybiotyków na digoksynę i kwasy żółciowe

Grupa	Digoksyna (ng/ml) (Zwiększyć za pomocą Rutylu)		Digoksyna (ng/ml) (Zmniejszyć za pomocą Doxy+Cipro)		Kwasy żółciowe % zmiana (Zwiększyć za pomocą Rutylu)		Kwasy żółciowe % zmiana (Spadek z Doxy)	
	Mean	**+ SD**	**Mean**	**+ SD**	**Mean**	**+ SD**	**Mean**	**+ SD**
Normalny	0.11	0.00	0.054	0.003	4.29	0.18	18.15	0.58
Schizo	0.55	0.06	0.219	0.043	23.20	1.87	57.04	4.27
Medytacja	0.51	0.05	0.199	0.027	22.61	2.22	66.62	4.99
Autyzm	0.53	0.08	0.205	0.041	22.21	2.04	63.84	6.16
Wartość F	135.116		71.706		290.441		203.651	
Wartość P	< 0.001		< 0.001		< 0.001		< 0.001	

Tabela 6. Wpływ rutylu i antybiotyków na pyruwat i heksokinazę

Grupa	Pirwat % zmiana (Zwiększyć za pomocą Rutylu)		Pirwat % zmiana (Spadek z Doxy)		Heksokinaza zmiana % (Zwiększyć za pomocą Rutylu)		Heksokinaza zmiana % (Spadek z Doxy)	
	Mean	**+ SD**	**Mean**	**+ SD**	**Mean**	**+ SD**	**Mean**	**+ SD**
Normalny	4.34	0.21	18.43	0.82	4.21	0.16	18.56	0.76
Schizo	20.99	1.46	61.23	9.73	23.01	2.61	65.87	5.27
Medytacja	20.94	1.54	62.76	8.52	23.33	1.79	62.50	5.56
Autyzm	21.91	1.71	58.45	6.66	22.88	1.87	65.45	5.08
Wartość F	321.255		115.242		292.065		317.966	
Wartość P	< 0.001		< 0.001		< 0.001		< 0.001	

Tabela 7. Wpływ rutylu i antybiotyków na nadtlenek wodoru i acetylocholinę

Grupa	H2O2 % (Zwiększyć za pomocą Rutylu)		H2O2 % (Spadek z Doxy)		Acetyl Cholina% (Zwiększyć za pomocą Rutylu)		Acetyl Cholina % (Spadek z Doxy)	
	Mean	**+ SD**	**Mean**	**+ SD**	**Mean**	**+ SD**	**Mean**	**+ SD**
Normalny	4.43	0.19	18.13	0.63	4.40	0.10	18.48	0.39
Schizo	22.50	1.66	60.21	7.42	22.52	1.90	66.39	4.20
Medytacja	23.81	1.19	61.08	7.38	22.83	1.90	67.23	3.45
Autyzm	23.52	1.49	63.24	7.36	23.20	1.57	66.65	4.26
Wartość F	380.721		171.228		372.716		556.411	
Wartość P	< 0.001		< 0.001		< 0.001		< 0.001	

Tabela 8. Wpływ rutylu i antybiotyków na glutaminian i amoniak

Grupa	Glutaminian % (Zwiększyć za pomocą Rutylu)		Glutaminian % (Spadek z Doxy)		Amoniak % (Zwiększyć za pomocą Rutylu)		Amoniak % (Spadek z Doxy)	
	Mean	**± SD**	**Mean**	**± SD**	**Mean**	**± SD**	**Mean**	**± SD**
Normalny	4.34	0.21	18.43	0.82	4.40	0.10	18.48	0.39
Schizo	20.99	1.46	61.23	9.73	22.52	1.90	66.39	4.20
Medytacja	20.94	1.54	62.76	8.52	22.83	1.90	67.23	3.45
Autyzm	21.91	1.71	58.45	6.66	23.20	1.57	66.65	4.26
Wartość F	321.255		115.242		372.716		556.411	
Wartość P	< 0.001		< 0.001		< 0.001		< 0.001	

Dyskusja

Nastąpił wzrost cytochromu F420 wskazujący na wzrost archeologiczny. Archaeea mogą syntezować i używać cholesterolu jako źródła węgla i energii14[,15]. Archeologiczne pochodzenie aktywności enzymu zostało wskazane przez antybiotykową supresję. Badanie wskazuje na obecność w układzie archaiki opartej na aktynowcach z alternatywnymi enzymami opartymi na aktynowcach lub metalloenzymach, na co wskazuje wzrost aktywności enzymów wywołany rutylem16. Stwierdzono również wzrost aktywności reduktazy HMG CoA, co wskazuje na zwiększoną syntezę cholesterolu na drodze mewalonianu. Zwiększono aktywność archeologicznej dehydrogenazy beta-hydroksylosteroidowej wskazującej na syntezę digoksyny oraz aktywność archeologicznej hydroksylazy cholesterolu wskazującej na syntezę kwasu żółciowego7. Zwiększono aktywność oksydazy cholesterolowej, co doprowadziło do wytworzenia pirogronianu i nadtlenku wodoru15. Pirogronian przekształcany jest w glutaminian i amoniak za pomocą szlaku bocznicowego GABA. Pirogronian może zostać przetworzony na acetylo CoA i acetylocholinę. Wykryto również archeologiczne aromatyzację cholesterolu generującego WWA, serotoninę i dopaminę17. Zwiększono aktywność glikolitycznej heksokinazy i zewnątrzkomórkowej syntazy ATP. Archaiki mogą ulegać mineralizacji magnetytu i węglanu wapnia i mogą występować jako zwapnione nanoformy18.

Archaiki i wiroidy mogą regulować układ nerwowy, w tym szlak wzgórzowo-korowo-okostnowy NMDA/GABA, pośredniczący w świadomym postrzeganiu2[,19]. Receptory NMDA/GABA mogą być modulowane przez indukowane digoksyną oscylacje wapniowe, których efektem jest indukcja aktywności dekarboksylazy NMDA/kwasu glutaminowego (GAD), WWA zwiększające aktywność NMDA i indukujące GAD, jak również indukowane przez wiroidy zakłócenia RNA modulujące receptory NMDA/GABA2. Pirawata generowana przez pirogronian pierścieniowej oksydazy cholesterolowej może być przekształcana w glutaminian i GABA w drodze bocznikowej GABA. Zwiększona transmisja NMDA została opisana w schizofrenii, autyzmie i zaburzeniach napadów pierwotnych. Archeologiczne kwasy żółciowe są chemicznie zróżnicowane i różnią się strukturalnie od ludzkich kwasów żółciowych. Archealne kwasy żółciowe mogą wiązać węchowe receptory GPCR i stymulować płat kończynowy, dając poczucie tożsamości społecznej. Dominacja archeologicznych kwasów żółciowych nad ludzkimi kwasami żółciowymi w stymulacji węchowego szlaku płata kończynowego GPCR prowadzi do utraty tożsamości społecznej i schizofrenii/autyzmu. Archeologiczne kwasy żółciowe są ważne jako modulatory płata limbicznego i nadają człowiekowi tożsamość społeczną, grupową i rasową.

Mózg funkcjonuje jako komputer kwantowy z kwantowymi elementami pamięci komputera składającymi się z nadprzewodnikowych kwantowych urządzeń zakłócających - SQUIDS, które mogą istnieć jako superpozycje stanów makroskopowych. Kondensacja Bose, podstawa nadprzewodnictwa jest osiągalna w temperaturze pokojowej w modelu Frohlicha w układach biologicznych. Archetypowy magnetyt dielektryczny i PAH są doskonałymi elektrycznymi oscylatorami dipolowymi, które występują pod stromym gradientem napięcia błony neuronowej. Poszczególne oscylatory są zasilane stałym źródłem energii do pompowania z zewnątrz przez digoksynę wiążącą się z membraną sodowo-potasową ATPazą i wytwarzającą napadowe przesunięcie depolaryzacji w błonie neuronowej. Zapobiega to oscylatorom dipolowym, które nigdy nie osadzają się w równowadze termicznej z cytoplazmą i płynem śródmiąższowym, który jest zawsze utrzymywany w stałej temperaturze. Skondensowane stany Bose produkowane przez dielektryczny układ molekularny pompowanego fononu z magnetytu digoksyną mogą być wykorzystywane do przechowywania informacji, które mogą być zakodowane - wszystko w ramach najniższej zbiorowej częstotliwości - poprzez odpowiednie dostosowanie amplitudy i relacji fazowych pomiędzy oscylatorami dipolowymi. Wrażenie zmysłowe świata zewnętrznego istnieje w oscylatorach dipolowych jako probabilistyczne wielokrotne nakładające się wzorce - faza U mechaniki kwantowej. Część przychodzących kwantowych map danych świata zewnętrznego zbudowanego przez subliminalnej percepcji w logicznej kolejności i wynikające z zewnętrznej korowej mapy świata zbudowanej przez świadomą percepcję jest wybrany. Digoksyna oddziałując na błonę neuronową pomaga powiększyć wybraną mapę do jednego kryterium grawitonowego i do progu wymaganego dla sieci neuronów do ognia i świadomości. Nanoarchaeal magnetytowe wyczuwalne grawitacji może również produkować orchestrated redukcji możliwości kwantowych do makroskopowego świata. Porównanie pomiędzy subliminalnie postrzeganymi mapami kwantowymi a wcześniejszymi mapami korowymi przechowywanymi w sieciach synaptycznych odbywa się poprzez kwantowy, nielokalny, quasi-kryształowy efekt kafelkowania, który pośredniczy w aktywacji i dezaktywacji synaps poprzez skurcz i wzrost dendrytycznych kręgosłupów. Wiązanie digoksyny z ATPazą potasowo-sodową może modulować mikrodomeny lipidowe w błonie neuronalnej, zmieniając budowę białek dendrytycznych kręgosłupa związanych z błoną neuronalną. Może to przyczyniać się do skurczu i wzrostu dendrytycznych kręgosłupów oraz do quasi-kryształowego efektu uprawowego. R część kwantowej percepcji podprogowej nie jest deterministyczna i wprowadza całkowicie przypadkowy element do ewolucji czasu i w działaniu R, może być rola wolnej woli. W percepcji kwantowej nie istnieje przeszłość, teraźniejszość ani przyszłość. Wszystkie one mog± istnieć razem. To daje wytłumaczenie dla pozazmysłowego postrzegania i przeczuć i wizji przeszłości. Również w stanie kwantowym możliwe jest nie-lokalność i działanie na odległość. To może wyjaśniać psychokinezę i podróżowanie umysłu. Informacje przechowywane w jednym mózgu mogą być ilościowo przekazywane do innego mózgu podnoszenie możliwości doświadczeń reinkarnacyjnych. Ilościowy model percepcji funkcji mózgu może dać wyjaśnienie dla hipnozy. W stanie kwantowym, w zależności od funkcji obserwatora materii świadomości mogą być tworzone z pustki. Stan kwantowy przychodzi do stanu cząstek stałych tylko wtedy, gdy istnieje obserwator kwantowy. Świadomość zależy od kwantowego odbioru podprogowego przez korowe dipolowe oscylatory magnetytowe. Świat zewnętrzny powstaje w zależności od funkcji obserwatora świadomości. Tak więc świadomość i świat zewnętrzny są od siebie wzajemnie zależne i świat zewnętrzny istnieje dzięki aktowi obserwacji. Świat ten jest mirażem i jest odbiciem obserwatorskiej funkcji świadomości. [19]

Archaeal magnetyt i archaeal digoksyna może przechowywać wszystkie doświadczenia światowe w magnetytowych oscylatorów dipolowych służących jako magazyn biologicznej informacji kwantowej. Archaiki są zewnętrzne i nigdy nie umierają. Aktynowskich magnetotaktycznych archaea może nosić wszystkie informacje biologiczne na świecie na wieczność. Archaea aktynowców istnieje jako trzeci element w każdej komórce i może przenosić informacje biologiczne w kwantowych komputerach magnetytowych do komórek embrionalnych pośredniczących w formie biologicznej reinkarnacji. Odwieczny aktynowcowy archaiczny trzeci element może służyć jako źródło wcześniejszej informacji biologicznej poprzedniego życia w celu zbudowania obecnej osobowości biologicznej nowej jednostki w kontynuacji doświadczeń z poprzedniego życia przechowywanych w kwantowych komputerach magnetytowych archaeal. Percepcja kwantowa za pośrednictwem aktynowców archaicznych i wiroidów również prowadzi do zjawisk zbiorowej nieświadomości, gdzie informacje biologiczne przechowywane w archaeal magnetytowych komputerów kwantowych w różnych mózgach funkcjonuje jako jedna niepodzielna całość. [19]

Referencje

1. Valiathan M.S., Somers, K., Kartha, C.C. (1993). *Endomyocardial Fibrosis.* Delhi: Oxford University Press.
2. Kurup R., Kurup, P.A. (2009). *Hypothalamic Digoxin, Cerebral Dominance and Brain Function in Health and Diseases*. Nowy Jork: Nova Science Publishers.
3. Hanold D., Randies, J.W. (1991). Coconut cadang-cadang disease and its viroid agent, *Plant Disease,* 75, 330-335.
4. Edwin B.T., Mohankumaran, C. (2007). Kerala wilczyca phytoplasma: Phylogenetic analysis and identification of a vector, *Proutista moesta, Physiological and Molecular Plant Pathology,* 71(1-3), 41-47.
5. Eckburg P.B., Lepp, P.W., Relman, D.A. (2003). Archaea and their potential role in human disease, *Infect Immun,* 71, 591-596.
6. Adam Z. (2007). Actinides and Life's Origins, *Astrobiology,* 7, 6-10.
7. Schoner W. (2002). Endogenous cardiac glycosides, a new class of steroid hormones, *Eur J Biochem,* 269, 2440-2448.
8. Davies P.C.W., Benner, S.A., Cleland, C.E., Lineweaver, C.H., McKay, C.P., Wolfe-Simon, F. (2009). Podpisy Shadow Biosphere, *Astrobiology,* 10, 241-249.
9. Richmond W. (1973). Preparation and properties of a cholesterol oxidase from nocardia species and its application to the enzymatic assay of total cholesterol in serum, *Clin Chem,* 19, 1350-1356.
10. Snell E.D., Snell, C.T. (1961). *Colorimetric Methods of Analysis.* Vol. 3A. Nowy Jork: Van NoStrand.
11. Glick D. (1971). *Metody analizy biochemicznej.* Vol. 5. Nowy Jork: Interscience Publishers.
12. Colowick, Kaplan, N.O. (1955). *Metody w enzymologii.* Tom 2. Nowy Jork: Prasa akademicka.
13. Maarten A.H., Marie-Jose, M., Cornelia, G., van Helden-Meewsen, Fritz, E., Marten, P.H. (1995). Detection of muramic acid in human spleen, *Infection and Immunity,* 63(5), 1652 - 1657.
14. Smit A., Mushegian, A. (2000). Biosynteza izoprenoidów poprzez mewalonian w Archaea: the lost pathway, *Genome Res,* 10(10), 1468-84.
15. Van der Geize R., Yam, K., Heuser, T., Wilbrink, M.H., Hara, H., Anderton, M.C. (2007). A gene cluster encoding cholesterol catabolism in a soil actinomycete provides

insight into Mycobacterium tuberculosis survival in macrophages, *Proc Natl Acad Sci USA,* 104(6), 1947-52.

16. Francis A.J. (1998). Biotransformacja uranu i innych aktynowców w odpadach radioaktywnych, *Journal of Alloys and Compounds,* 271(273), 78-84.

17. Probian C., Wülfing, A., Harder, J. (2003). Anaerobic mineralization of quaternary carbon atoms: Isolation of denitrifying bacteria on pivalic acid (2,2-Dimethylpropionic acid), *Applied and Environmental Microbiology,* 69(3), 1866-1870.

18. Vainshtein M., Suzina, N., Kudryashova, E., Ariskina, E. (2002). New Magnet-Sensitive Structures in Bacterial and Archaeal Cells, *Biol Cell,* 94(1), 29-35.

19. Lockwood M. (1989). Umysł, *Mózg i Quantum*. Oksford: B. Blackwell.

ROZDZIAŁ 10
MÓZG MEDYTACYJNY - ARCHAICZNE AKTYNOIDY, SYNTEZA DIGOKSYNY I NEANDERTALIZACJA - BIOLOGICZNA TEORIA SOCJOPOLITYCZNEJ, DUCHOWEJ, SEKSUALNEJ I KULTUROWEJ TOŻSAMOŚCI

Wprowadzenie

Medytacja może modulować metabolizm organizmu i funkcje mózgu. Mechanizm ten polega na indukcji układu heme-tlenazy. Medytacja indukuje heme-tlenazę, która przekształca heme w tlenek węgla i bilirubinę. Bilirubina i bilirubina są zmiataczami wolnych rodników i mopem w górę wolnych rodników. Wolni radykałowie są wymagający dla funkcji NMDA zależnej talamo-ortico-thalamic sprzężenia zwrotnego obwodu pogłosowego kluczowego w świadomości. Obwód ten pośredniczy w pracy pamięci i skupieniu uwagi. Wolne rodniki również aktywować NMDA i przez jego zdolność do swobodnego dyfuzji przez systemy mózgowe mogą indukować aktywność NMDA, zsynchronizowane rozsadzanie neuronów w różnych częściach obszarów sensorycznych produkujących synchronizację percepcyjną. To pośredniczy w świadomości. W ten sposób wydalanie wolnych rodników przez heme-tlenazę prowadzi do tłumienia świadomości i medytacyjnych transów. Indukcja heme-tlenazy hamuje syntezę ALA. W ten sposób hem jest uszczuplony z systemu. Zwiększa się synteza porfiryn prowadząca do porfirynurii i porfirii. Bodziec do syntezy porfiryn pochodzi z niedoboru hemu. Porfiryny mogą organizować się w samoreplikujące się struktury nadcząsteczkowe zwane porfirynami, które są indukowane przez praktyki medytacyjne. Porfiryny mogą organizować się w struktury makrocząsteczkowe, które mogą się samoczynnie replikować, tworząc organizm porfirynowy. Indukowane fotonem przenoszenie elektronów wzdłuż makromolekuły może prowadzić do wywołanej światłem syntezy ATP. Porfiryny mogą tworzyć szablon, na którym RNA i DNA mogą tworzyć wiroidy generujące. Porfiryny mogą również tworzyć szablon, na którym mogą tworzyć się priony. Wszystkie one mogą się połączyć - wiroidy RNA, wiroidy DNA, priony - tworząc prymitywne archaiki. W ten sposób archaiki są zdolne do samoreplikacji na szablonach porfiryn. Samo-replikujące się archaiki mogą wyczuć grawitację, która daje początek świadomości. Potrafią również wyczuć pola antygrawitacyjne, które dają początek nieświadomemu mózgowi. W ten sposób mogą istnieć zarówno samo-replikujące się archaiki jak i antyarchaiki, które regulują mózg świadomy i nieświadomy. Tak więc stres klimatyczny pośredniczy zwiększona synteza porfiryn prowadzi

do zaniku kory przedczołowej, dominacji móżdżku, zaburzeń poznawczych afektywnych móżdżku, kwantowej percepcji i neandertalizacji populacji. Porfiryny są samoreplikującymi się organizmami nadcząsteczkowymi, które tworzą szablon prekursora, na którym powstają wiroidy, priony i nanoarchaea. Medytacyjny szablon wywołany stresem ukierunkowany na abiogenezę porfirów, prionów, wiroidów i archaicznych jest procesem ciągłym i może przyczyniać się do zmian w strukturze i zachowaniu mózgu, jak również w procesie chorobowym.

Archaika aktynowców jest również związana z globalnym ociepleniem i chorobami ludzkimi, zwłaszcza zaburzeniami neuropsychiatrycznymi. Wzrost endosymbiotycznych archaicznych aktynowców w związku ze zmianami klimatycznymi i globalnym ociepleniem prowadzi do neandertalizacji układu umysłowo-ciałowego człowieka. W zaburzeniach neuropsychiatrycznych opisano antropometrię neandertalowską i metabolomikę, zwłaszcza fenotyp Warburga i hiperdigoksinemię. Digoksyna produkowana przez archeologiczny katabolizm cholesterolowy powoduje neandertalizację. Zanik kory przedczołowej i hiperplazja móżdżku są związane z zaburzeniami neuropsychiatrycznymi. Digoksyna powoduje wewnątrzkomórkowy niedobór magnezu i hamowanie odwrotnej transkryptazy. Blokuje to replikację wsteczną i jej integrację z genomem. Zmniejsza to elastyczność i dynamikę genomu. Endogenne sekwencje retrowiralne indukowane skokami genów przyczyniają się do zwiększenia elastyczności i dynamiki genomu, niezbędnej do wytworzenia połączeń synaptycznych w korze przedczołowej. Zahamowanie endogennej retrowiralnej ekspresji i integracji przez digoksynę prowadzi do zanikania kory przedczołowej. Móżdżek staje się dominujący i może być uważany za endosymbiotyczną sieć archeologiczną. Dominacja móżdżku prowadzi do większej ilości pozazmysłowej percepcji, percepcji kwantowej, impulsywnego zachowania i poczucia jedności z otaczającym nas światem. Dominacja móżdżku prowadzi również do dysautonomii z nadpobudliwością współczulną i neuropatią przywspółczulną w tych zaburzeniach. Actinidic archeaeal związane z dominacją móżdżku prowadzi do zmian w funkcji mózgu. Prowadzi to do powstania nowego fenotypu społeczno-politycznego, duchowego, seksualnego i kulturowego. [1-16] Dane te zostały opisane w niniejszej pracy.

Materiały i metody

Do badania wybrano piętnaście przypadków, z których każdy należał do normalnej populacji poddanej praktykom medytacyjnym, osób z zaburzeniami neuropsychiatrycznymi i uzależnionych od Internetu. Każdy przypadek charakteryzował się kontrolą dopasowaną do wieku i płci. Pomiary antropometryczne i fenotypowe neandertalczyków obejmowały wystające grzbiety nadoczodołowe, czaszkę doliczochłonną, małą żuchwę, widoczną twarz środkową i nos, krótkie kończyny górne i dolne, widoczny tułów, niski wskaźnik proporcji między palcami wskazującymi a pierścieniami palców oraz jasną cerę. W każdym przypadku wykonano testy funkcji autonomicznej w celu oceny układu współczulnego i przywspółczulnego. Wykonano tomografię komputerową głowy w celu objętościowej oceny kory przedczołowej i móżdżku. Aktywność cytochromu F420 oceniano za pomocą pomiaru spektrofotometrycznego.

Wyniki

Wszystkie badane grupy przypadków miały wyższy odsetek pomiarów antropometrycznych i fenotypowych neandertalczyków. W całej badanej populacji pacjentów stwierdzono niski wskaźnik palca wskazujący na wysoki poziom testosteronu. We wszystkich badanych grupach obserwowano również zanik kory przedczołowej i przerost móżdżku. Podobnie we wszystkich badanych grupach przypadków występowała dysautonomia współczulna nad aktywnością i neuropatia przywspółczulna. W całej badanej grupie przypadków stwierdzono cytochrom F420, u którego stwierdzono występowanie endosymbiotycznego przerostu archeologicznego.

Tabela 1. Fenotyp neandertalczyka i choroba układowa

Choroba	Cyt. F420 działalność	Fenotyp neandertalczyka	Niski wskaźnik proporcji między palcami wskazującymi a pierścieniami
Schizofrenia	69%	75%	65%
Autyzm	80%	75%	72%
Użytkownicy Internetu	65%	72%	69%
Medytacja	60%	59%	50%

Tabela 2. Fenotyp neandertalczyka i dysfunkcja mózgu

Choroba	**Dysautonomia**	**Atrofia kory przedczołowej**	**Hipertrofia gwiazdozbiorów (Cerebellar hypertrophy)**
Schizofrenia	65%	60%	70%
Autyzm	72%	69%	72%
Użytkownicy Internetu	74%	84%	82%
Medytacja	62%	60%	65%

Dyskusja

Neandertalska metabolonomia przyczynia się do powstania nowego fenotypu społeczno-politycznego, duchowego, seksualnego i kulturowego oraz patogenezy schizofrenii/autyzmu. We wszystkich badanych grupach przypadków występowały cechy fenotypu neandertalskiego, a także niskie wskaźniki palca wskazujące na podwyższony poziom testosteronu. Neandertalizacja układu umysł-ciało występuje w wyniku zwiększonego wzrostu archaiczności aktynowców na skutek globalnego ocieplenia. Digoksyna powoduje wewnątrzkomórkowy niedobór magnezu i hamowanie odwrotnej transkryptazy. Blokuje to replikację retrowirusową i jej integrację z genomem. Zmniejsza to elastyczność i dynamikę genomu. Endogenne sekwencje retrowiralne indukowane skokami genów przyczyniają się do zwiększenia elastyczności i dynamiki genomu niezbędnej do wytworzenia połączeń synaptycznych w korze przedczołowej. Zahamowanie endogennej retrowiralnej ekspresji i integracji przez digoksynę prowadzi do zanikania kory przedczołowej. Móżdżek staje się dominujący i może być uważany za endosymbiotyczną sieć archeologiczną. Dominacja móżdżku prowadzi do większej ilości pozazmysłowej percepcji, percepcji kwantowej, impulsywnego zachowania i poczucia jedności z otaczającym nas światem. Neandertalizacja umysłu prowadzi więc do dominacji móżdżku i zanikania kory przedczołowej. Prowadzi to do dysautonomii z neuropatią przywspółczulną i nadpobudliwością współczulną. Prowadzi to do powstania nowego fenotypu społeczno-politycznego, duchowego, seksualnego i kulturowego.

Globalne ocieplenie i epoka lodowcowa powodują zwiększony wzrost ekstremofile. Prowadzi to do zwiększonego wzrostu endosymbiozy aktynowców u ludzi. Istnieje proliferacja archeologiczna w jelicie, który wchodzi do móżdżku i pnia mózgu przez odwrócony aksonalny transport przez pochwę. Móżdżek i pień mózgu można uznać za kolonię archeologiczną. Archaeae są katabolizujące pod względem cholesterolu i wykorzystują cholesterol jako źródło węgla i energii. Archaiki aktynowców aktywują receptor HIF alfa wywołujący fenotyp Warburga, co prowadzi do zwiększonej glikolizy z generacją glicyny, a także tłumienia dehydrogenazy pirogronianowej. Nagromadzony pirogronian wchodzi do bocznicy GABA generując sukcynyl CoA i glicynę. Archeologiczny katabolizm cholesterolu powoduje utlenianie pierścieni i wytwarzanie pirogronianu, który również wchodzi w skład GABA shunt, wytwarzając glicynę i sukcynyl CoA. Prowadzi to do zwiększonej syntezy porfiryn. W procesie hamowania ATPazy potasowo-sodowej indukowanej digoksyną porfiryny dipolarne wytwarzają układ fononowy z pompą, w wyniku czego powstaje kondensat Bose-Einsteina w modelu Frohlicha i ilościowe postrzeganie niskiego poziomu EMF. Niski poziom zanieczyszczenia EMF jest powszechny w przypadku korzystania z Internetu. Postrzeganie niskiego poziomu EMF prowadzi do neandertalizacji mózgu z zanikiem kory przedczołowej i hiperplazją móżdżku. Archaika, która dociera do móżdżku z jelita przez nerw błędny, rozmnaża się i sprawia, że móżdżek dominuje z powodu tłumienia i zanikania kory przedczołowej. Prowadzi to do rozpowszechnienia się cech autystycznych i schizofrenicznych w populacji. Archaika aktynowców indukuje fenotyp Warburga z nasiloną glikolizą, hamowaniem PDH i tłumieniem mitochondriów. Powoduje to neandertalizację układu umysł-ciało. Archaiki aktynowcowe wydzielają wiroidy RNA, które blokują ekspresję HERV przez interferencję RNA. Tłumienie HERV przyczynia się do zahamowania rozwoju kory przedczołowej u neandertalczyków i dominacji móżdżku. Archealna digoksyna wytwarza inhibicję ATPazy potasowo-sodowej i zubożenie magnezu, co powoduje zahamowanie odwrotnej transkryptazy i zmniejszenie generacji HERV. HERV przyczyniają się do dynamiki genomu i są niezbędne do rozwoju kory przedczołowej. Tłumienie HERV przyczynia się do rozwoju oporności retrowirusowej u neandertalczyków. Aktynoidalna archaea katabolizuje cholesterol, prowadząc do jego zubożenia. Zmniejszenie poziomu cholesterolu prowadzi również do słabej łączności synaptycznej i zmniejszenia rozwoju kory przedczołowej. Nie jest to zmiana genetyczna, ale forma symbiotycznej zmiany z endosymbiotycznym aktynoidalnym wzrostem archaicznym w organizmie i mózgu.

W mózgu neandertalczyka dominowała percepcja kwantowa i komunikacja pozazmysłowa prowadząca do jedności społeczeństwa. To przyczyniło się do sprawiedliwego i równego społeczeństwa ze współczuciem i altruizmem. Można to uznać za początek prymitywnego społeczeństwa socjalistycznego lub komunistycznego z równymi prawami dla wszystkich i dzieleniem się bogactwem we wspólnocie. Społeczeństwo neoneandertalskie miało zbiorową nieświadomość, która przyczyniała się do powstania równego, liberalnego i socjalistycznego społeczeństwa. Archealny metabolizm cholesterolu prowadzi do wyczerpania poziomu cholesterolu i niedoboru hormonów płciowych. Prowadzi to do stanu bezpłciowego z równością mężczyzn i kobiet lub do dominacji kobiet. Prowadzi to do zachowań androgynicznych i nowych naprzemiennych tożsamości płciowych. Społeczeństwo neoneandertalczyków jest matriarchalne z kobiecym przywództwem i dominacją. Matriarchia i dominacja kobiet jest znakiem rozpoznawczym społeczeństwa neoneandertalskiego. Dominujące postrzeganie pozazmysłowe i kwantowe prowadzi do uznania pustki wszechświata i poczucia Boga. Spełnia to koncepcję Majów i jedności wszystkiego we wszechświecie zgodnie z filozofią hinduistyczną. Pustka wynikająca z postrzegania kwantowego daje poczucie postrzegania Boga. Koncepcja Boga prawdopodobnie rozwinęła się z tego postrzegania kwantowego. Informacje przechowywane w mózgu działającego jako komputer kwantowy istnieje jako wiele możliwości w wielu różnych wszechświatach. Wyginięcie jednej możliwości w ziemi nie wyklucza istnienia innych możliwości w stanie kwantowym w innych wszechświatach. Prowadzi to do koncepcji uniwersalnej wiecznej egzystencji i reinkarnacji opisanej w filozofii hinduistycznej oraz iluzorycznej natury śmierci. W wielowymiarowym kwantowym wszechświecie istnieje wieczyste istnienie. Prowadzi to do ekstremalnego duchowego społeczeństwa z uczuciem jedności generowanym przez zbiorową nieświadomość wynikającą z postrzegania kwantowego. Jedność ta jest również dzielona ze środowiskiem przyczyniającym się do eko-duchowości i świadomości ekologicznej.

Korzystanie z Internetu i niski poziom zanieczyszczenia pól elektromagnetycznych jest powszechny w tym stuleciu. Powoduje to wzrost percepcji EMF niski poziom przez mózg przez digoksyna-porfiryna za pośrednictwem systemu pompowanego fononowego stworzył Bose-Einstein kondensaty przyczyniające się do zanik kory przedczołowej i dominacja móżdżku. Dominacja cerebellarna prowadzi do schizofrenii i autyzmu. W dzisiejszej społeczności panuje epidemia autyzmu i schizofrenii. Porfiryna za pośrednictwem pozazmysłowej percepcji może przyczynić się do komunikacji między neandertalczykami. Neandertalczycy nie posiadali języka i używali pozazmysłowej percepcji jako formy komunikacji grupowej. Ze względu na dominującą pozazmysłową percepcję kwantową, Neandertalczycy nie posiadali indywidualnej tożsamości, a jedynie tożsamość grupową. Dominacja cerebellarna skutkuje kreatywnością wynikającą z percepcji kwantowej i percepcji grupowej. Cechy neandertalczyków przyczyniają się do innowacyjności i kreatywności. Dominacja cerebelarna prowadzi do rozwoju języka symbolicznego. Neandertalczycy wykorzystywali taniec i muzykę jako formę komunikacji. Malarstwo jako forma komunikacji było również powszechne u neandertalczyków. Zachowanie neandertalczyków było robotyczne. Zachowanie robotyczne jest charakterystyczne dla dominacji móżdżku. Zachowanie robotyczne, symboliczne i rytualne jest wspólne z dominacją móżdżku i widoczne jest w cechach autystycznych. Dominacja móżdżku u neandertalczyków prowadzi do inteligencji intuicyjnej i hipnotycznej jakości komunikacji. Zwiększona pozazmysłowa percepcja kwantowa prowadzi do większej komunii z naturą i jest formą eko-duchowości. Rosnące wykorzystanie tańca i muzyki jako formy komunikacji i eko-duchowości jest powszechne we współczesnym stuleciu wraz ze wzrostem zachorowalności na autyzm. Zubożenie cholesterolu prowadzi do niedoboru kwasu żółciowego i powstawania małych grup społecznych u neandertalczyków. Kwas żółciowy wiąże się z receptorami węchowymi i przyczynia się do tworzenia tożsamości grupowej. Może to również przyczyniać się do generowania cech autystycznych u neandertalczyków.

Populacja neandertalczyków była w przeważającej mierze autystyczna i schizofreniczna. Współczesna populacja jest hybrydą Homo sapiens i Homo neanderthalis. Przyczynia się to do 10 do 20 procent dominujących hybryd, które mają tendencję do schizofreników i autystycznych cech i przyczynia się do kreatywności cywilizacji. Można to nazwać schizofrenicznym lub autystycznym plemieniem ludzkim. Neandertalczycy mają tendencję do bycia innowacyjnym i chaotycznym. Są kreatywni w sztuce, literaturze, tańcu, duchowości i nauce. Osiemdziesiąt procent mniej dominujących hybryd jest stabilnych i przyczynia się do stabilizującego wpływu prowadzącego do rozwoju cywilizacji. Homo sapiens byli stabilni i nietwórczy przez długi okres swojego istnienia. W społeczności homo sapiens około 10 000 lat temu nastąpił wybuch kreatywności z generacją muzyki, tańca, malarstwa, ornamentów, stworzeniem koncepcji Boga i współczującego zachowania grupy. Skorelowane to było z pokoleniem neandertalskich hybryd, gdy euroazjatycki neandertalczyk kojarzył się z homo sapiens afrykańskimi kobietami. Pozazmysłowa/kwantowa percepcja spowodowana przez porfiryny dipolarne i digoksynę indukowała zahamowanie ATPazy potasowej sodowej, a generowany system pompowanych fononów pośredniczył w percepcji kwantowej, co prowadzi do zjawiska globalizacji i poczucia, że świat jest globalną wioską. Archeologiczny katabolizm cholesterolowy prowadzi do zwiększonej syntezy digoksyny. Digoksyna promuje transport tryptofanu nad tyrozyną. Niedobór tyrozyny prowadzi do niedoboru dopaminy i niedoboru morfiny. Prowadzi to do zespołu niedoboru morfiny u neandertalczyków. Przyczynia się to do powstawania cech uzależnienia i kreatywności. Zwiększony poziom tryptofanów powoduje wzrost alkaloidów, takich jak LSD, przyczyniając się do ekstazy i duchowości neandertalczyków. Uzależniające, ADHD i autystyczne cechy są związane ze stanem niedoboru morfiny. Dieta ketogeniczna spożywana przez mięso jedzące Neandertalczyków prowadzi do zwiększonej generacji kwasu hydroksymasłowego, który produkuje ecstasy i dysocjacyjny rodzaj znieczulenia przyczyniając się do psychologii neandertalskiej. Niedobór dopaminy prowadzi do zmniejszenia syntezy melaniny i uczciwości populacji. Było to odpowiedzialne za uczciwy kolor neandertalczyków.

Neandertalczycy byli w zasadzie zjadaczami mięsa stosującymi dietę ketogeniczną. Kwas acetooctowy jest przekształcany w acetyl CoA, który wchodzi w cykl TCA. Kiedy hybrydy neandertalczyków spożywają dietę glukogenną z powodu rozprzestrzeniania się osiadłych cywilizacji, wytwarzają pirogronian dzięki tłumieniu PDH u neandertalczyków. Zwiększony wzrost archeologiczny aktywuje receptor myta i indukuje HIF alfa, co prowadzi do zwiększenia glikolizy, tłumienia PDH i dysfunkcji mitochondriów - fenotypu Warburga. Pirogronian wchodzi w drogę bocznikową GABA produkując glutaminian, amoniak i porfirynę, co prowadzi do neuropatologii autyzmu i schizofrenii. Neandertalczycy spożywający dietę ketogeniczną wytwarzają więcej GABA - neurotransmitera hamującego, dzięki czemu neandertalczycy są potulnie spokojni. Mniejsza jest produkcja glutaminianu, który jest dominującym neuroprzekaźnikiem pobudzającym w korze przedczołowej i ścieżkach świadomości. Prowadzi to do dominacji funkcji móżdżku. Hybrydy neandertalczyków mają dominację móżdżku i mniej świadomego zachowania. Cerebellum jest odpowiedzialny za intuicyjne, nieświadome zachowanie, jak również kreatywność i duchowość. Móżdżek jest miejscem postrzegania pozazmysłowego, aktów magicznych i hipnozy. Dominujący homo sapiens miał dominację kory przedczołowej nad móżdżkiem, co skutkowało większą ilością świadomych zachowań.

Neandertalczycy spożywający dietę glukogenną wytwarzają zwiększoną glikolizę w układzie hamowania PDH. W ten sposób powstaje fenotyp Warburga. Półprodukt glikolityczny 3-fosfogliceran jest przekształcany w glicynę, czego efektem jest pobudzenie NMDA przyczyniające się do schizofrenii i autyzmu. W schizofrenii i autyzmie dominuje dominacja cerebellarna. Hiperplazja móżdżku skutkuje nadpobudliwością współczulną i neuropatią przywspółczulną. Cerebellar dominacji i móżdżku poznawczo afektywne dysfunkcji może przyczynić się do schizofrenii i autyzmu. Zwiększona synteza porfiryn wynikająca z sukcynylu CoA generowanego przez GABA shunt i glicyny generowanej przez glikolizę przyczynia się do zwiększenia pozazmysłowej percepcji ważnej w schizofrenii i autyzmie. Archeologiczny katabolizm cholesterolowy generuje digoksynę, która powoduje zahamowanie ATPazy potasowo-sodowej i wzrost poziomu wapnia wewnątrzkomórkowego oraz spadek poziomu magnezu wewnątrzkomórkowego. Wzrost wapnia wewnątrzkomórkowego może modulować uwalnianie neurotransmiterów z pęcherzyków presynaptycznych. To może modulować neurotransmisję. Wzbogacenie magnezu wywołane digoksyną może usunąć blok magnezu na receptorze NMDA, powodując jego eksitotoksyczność. Digoksyna może modulować szlak glutamatergiczny wzgórzowo-korowo-oczne i świadomości, co prowadzi do schizofrenii i autyzmu. Zubożenie magnezu wywołane digoksyną może hamować aktywność odwrotnej transkryptazy, a generacja HERV modulująca dynamikę genomu. To może produkować digoksyny indukowane integracji neuro-immuno-endokrynnej. Digoksyna funkcjonuje jako główny hormon neandertalski.

Archaiki aktynowców mają działanie katabolizujące cholesterol i prowadzą do niskich poziomów testosteronu i estrogenów. Prowadzi to do cech aseksualnych i niskich wskaźników rozrodu populacji neandertalczyków. Neandertalczycy spożywają dietę o niskiej zawartości błonnika i niskiej zawartości lignanu. Archaiki aktynowców posiadają enzymy katabolizujące cholesterol, które generują więcej testosteronu niż estrogenów. Przyczynia się to do niedoboru estrogenów i przerostu testosteronu nad aktywnością. Populacja neandertalczyków to hipermale z jednoczesną dominacją prawej półkuli i dominacją móżdżku. Testosteron hamuje funkcję lewej półkuli. Wysoki poziom testosteronu u neandertalczyków przyczynia się do powiększenia mózgu. Zarówno u neandertalczyków, jak i u samic wyższy poziom testosteronu przyczynił się do zwiększenia równości płci i neutralności płci. Istniała tożsamość grupowa i grupowe macierzyństwo bez różnic między rolami zarówno mężczyzn, jak i kobiet. Prowadziło to również do matrilinowości. Wyższy poziom testosteronu zarówno u mężczyzn, jak i u kobiet prowadził do naprzemiennych typów seksualności i zachowań aberracyjnych. Homo sapiens jedzą dietę o wysokiej zawartości błonnika z niskim cholesterolem i wysoką zawartością lignin, co przyczynia się do dominacji estrogenów, dominacji lewoskóry i hipoplazji móżdżku. Homo sapiens miał wyższe wskaźniki reprodukcyjne i wyprzedził populację neandertalczyków, co doprowadziło do jej wyginięcia. Populacja homo sapiens była konserwatywna, z prawidłowymi cechami płciowymi, wartościami rodzinnymi i patriarchalnym typem zachowania. Rola kobiet w populacji homo sapien była niższa niż mężczyzn. Rosnące pokolenie neandertalskich mieszańców na skutek zmian klimatycznych, zapośredniczonych przez archeologiczne zarastanie, prowadzi do równouprawnienia płci i równouprawnienia mężczyzn i kobiet w tym wieku. Jest to podstawa neandertalskiej matriarchii.

W ten sposób globalne ocieplenie i zwiększony endosymbiotyczny wzrost aktynowców prowadzi do katabolizmu cholesterolowego i wytworzenia fenotypu Warburga, co prowadzi do zwiększonej syntezy porfiryn, pozazmysłowej niskiej percepcji EMF, atrofii kory przedczołowej, insulinooporności i dominacji móżdżku. Prowadzi to do neandertalizacji organizmu i mózgu. Prowadzi to do powstania nowego fenotypu społeczno-politycznego, duchowego, seksualnego i kulturowego.

Referencje

1. Weaver TD, Hublin JJ. Neandertal Birth Canal Shape and the Evolution of Human Childbirth. *Proc. Natl. Acad. Sci. USA* 2009; 106:8151-8156.
2. Kurup RA, Kurup PA. Endosymbiotyczny aktynoidalny archetyp pośredniczący w rozwoju fenotypu Warburga pośredniczy w rozwoju choroby człowieka. *Advances in Natural Science* 2012; 5(1):81-84.
3. Morgan E. The Neanderthal theory of autism, Asperger and ADHD; 2007, www.rdos.net/eng/asperger.htm.
4. Graves P. New Models and Metaphors for the Neanderthal Debate. *Current Anthropology* 1991; 32(5):513-541.
5. Sawyer GJ, Maley B. Neanderthal zrekonstruowany. *The Anatomical Record Part B: The New Anatomist* 2005; 283B(1):23-31.
6. Bastir M, O'Higgins P, Rosas A. Facial Ontogeny in Neanderthals and Modern Humans. *Proc. Biol. Sci.* 2007; 274:1125-1132.
7. Neubauer S, Gunz P, Hublin JJ. Endocranial Shape Changes during Growth in Chimpanzees and Humans: Analiza morfometryczna Unique and Shared Aspects. *J. Hum. Evol.* 2010; 59:555-566.
8. Courchesne E, Pierce K. Brain Overgrowth in Autism during a Critical Time in Development: Implikacje dla rozwoju Neuronu Piramidalnego i Interneuronu i łączności. *Int. J. Dev. Neurosci.* 2005; 23:153–170.
9. Green RE, Krause J, Briggs AW, Maricic T, Stenzel U, Kircher M, Patterson N, Li H, Zhai W, *et al.* A Draft Sequence of the Neandertal Genome. *Science* 2010; 328:710-722.
10. Mithen SJ. *The Singing Neanderthals: The Origins of Music, Language, Mind and Body*; 2005, ISBN 0-297-64317-7.

11. Bruner E, Manzi G, Arsuaga JL. Encephalization and Allometric Trajectories in the Genus Homo: Dowody z linii neandertalskiej i nowoczesnej. *Proc. Natl. Acad. Sci. USA* 2003; 100:15335-15340.

12. Gooch S. *The Dream Culture of the Neanderthals: Strażnicy Starożytnej Mądrości.* Inner Traditions, Wildwood House, Londyn; 2006.

13. Gooch S. *The Neanderthal Legacy: Obudzenie naszych genetycznych i kulturowych korzeni.* Inner Traditions, Wildwood House, Londyn; 2008.

14. Kurtén B. *Den Svarta Tigern*, ALBA Publishing, Stockholm, Sweden; 1978.

15. Spikins P. Autyzm, Integracja "Różnicy" i Pochodzenie Nowoczesnego Zachowania Człowieka. *Cambridge Archaeological Journal* 2009; 19(2):179-201.

16. Eswaran V, Harpending H, Rogers AR. Genomika odrzuca wyłącznie afrykańskie pochodzenie człowieka. *Journal of Human Evolution* 2005; 49(1):1-18.

ROZDZIAŁ 11

MÓZG MEDYTACYJNY - BIOLOGICZNA PODSTAWA FILOZOFII, EKONOMII, HISTORII, POLITYKI, LITERATURY, RUCHÓW SPOŁECZNYCH, FEMINIZMU, ALTERNATYWNEJ SEKSUALNOŚCI I GLOBALIZACJI

Wprowadzenie

Medytacja może modulować metabolizm organizmu i funkcje mózgu. Mechanizm ten polega na indukcji układu heme-tlenazy. Medytacja indukuje heme-tlenazę, która przekształca heme w tlenek węgla i bilirubinę. Bilirubina i bilirubina są zmiataczami wolnych rodników i mopem w górę wolnych rodników. Wolni radykałowie są wymagający dla funkcji NMDA zależnej talamo-ortico-thalamic sprzężenia zwrotnego obwodu pogłosowego kluczowego w świadomości. Obwód ten pośredniczy w pracy pamięci i skupieniu uwagi. Wolne rodniki również aktywować NMDA i przez jego zdolność do swobodnego dyfuzji przez systemy mózgowe mogą indukować aktywność NMDA, zsynchronizowane rozsadzanie neuronów w różnych częściach obszarów sensorycznych produkujących synchronizację percepcyjną. To pośredniczy w świadomości. W ten sposób wydalanie wolnych rodników przez heme-tlenazę prowadzi do tłumienia świadomości i medytacyjnych transów. Indukcja heme-tlenazy hamuje syntezę ALA. W ten sposób hem jest uszczuplony z systemu. Zwiększa się synteza porfiryn prowadząca do porfirynurii i porfirii. Bodziec do syntezy porfiryn pochodzi z niedoboru hemu. Porfiryny mogą organizować się w samoreplikujące się struktury nadcząsteczkowe zwane porfirynami, które są indukowane przez praktyki medytacyjne. Porfiryny mogą organizować się w struktury makrocząsteczkowe, które mogą się samoczynnie replikować, tworząc organizm porfirynowy. Indukowane fotonem przenoszenie elektronów wzdłuż makromolekuły może prowadzić do wywołanej światłem syntezy ATP. Porfiryny mogą tworzyć szablon, na którym RNA i DNA mogą tworzyć wiroidy generujące. Porfiryny mogą również tworzyć szablon, na którym mogą tworzyć się priony. Wszystkie one mogą się połączyć - wiroidy RNA, wiroidy DNA, priony - tworząc prymitywne archaiki. W ten sposób archaiki są zdolne do samoreplikacji na szablonach porfiryn. Samo-replikujące się archaiki mogą wyczuć grawitację, która daje początek świadomości. Potrafią również wyczuć pola antygrawitacyjne, które dają początek nieświadomemu mózgowi. W ten sposób mogą istnieć zarówno samo-replikujące się archaiki jak i antyarchaiki, które regulują mózg świadomy i nieświadomy. Tak więc stres klimatyczny pośredniczy zwiększona synteza porfiryn prowadzi do zaniku kory przedczołowej, dominacji móżdżku, zaburzeń poznawczych afektywnych

móżdżku, kwantowej percepcji i neandertalizacji populacji. Porfiryny są samoreplikującymi się organizmami nadcząsteczkowymi, które tworzą szablon prekursora, na którym powstają wiroidy, priony i nanoarchaea. Medytacyjny szablon wywołany stresem ukierunkowany na abiogenezę porfirów, prionów, wiroidów i archaicznych jest procesem ciągłym i może przyczyniać się do zmian w strukturze i zachowaniu mózgu, jak również w procesie chorobowym.

Społeczeństwo homo neandertalczyków było matrilinealne, a społeczeństwo homo sapien - patrilinealne. Homo neanderthalis, jak opisano w poprzednich artykułach, zwiększał wzrost aktynowców, a archetyzm magnetytowo-porfiryna pośredniczyła w postrzeganiu kwantowym. Dało to poczucie zbiorowej nieświadomości i uniwersalnej jedności. Homo sapiens miał zmniejszony aktynowcowy wzrost archaeal i archaeal magnetit/porfiryna za pośrednictwem pośrednika postrzeganie kwantowe było minimalne. To dało początek indywidualności w homo sapiens w przeciwieństwie do świadomości społecznej w homo neanderthalis. Jest to biologiczna podstawa cech społeczeństwa homo neandertalczyków - prymitywny komunizm, socjalizm, demokracja, dominacja kobiet, alternatywna seksualność, kreatywność w sztuce i literaturze, duchowość, eko-świadomość, pokojowe współistnienie i zglobalizowany świat. Społeczeństwo homo sapien było egoistyczne, prymitywne kapitalistyczne, niedemokratyczne, dyktatorskie, patriarchalne, bardziej męskie, mniej kreatywne w sztuce i literaturze, nieduchowo-materialne, heteroseksualne, wyzyskujące, zanieczyszczające, nacjonalistyczne i o zwiększonej skłonności do wojny. Zjawisko globalnego ocieplenia prowadzi do zwiększonego ekstremofilnego wzrostu aktynowców i neandertalizacji homo sapiens, co prowadzi do odradzania się cech neandertalistycznych w społeczeństwie. [1-16] W pracy oceniono aktynowy wzrost archetypiczny u osób o różnych cechach osobowościowych o socjalistycznym, kapitalistycznym, demokratycznym, dyktatorskim, feministycznym, męskim szowinistycznym, artystycznym, twórczym charakterze literackim, alternatywnej seksualności, eko-świadomości, nacjonalistycznym i zglobalizowanym spojrzeniu. Wyniki zostały przedstawione w niniejszym opracowaniu.

Materiały i metody

Próbki krwi zostały pobrane z dwóch grup:- (1) neandertalskiej populacji matriliniowej z perspektywą altruizmu, prymitywnego komunizmu, socjalizmu, demokracji, dominacji kobiet, alternatywnej seksualności, kreatywności w sztuce i literaturze, duchowości, praktyk medytacyjnych, świadomości ekologicznej, pokojowego współistnienia i zglobalizowanego świata, oraz (2) ludność homo sapien patrylową z perspektywą egoizmu, prymitywną kapitalistyczną, niedemokratyczną, dyktatorską, patriarchalną, bardziej męską, mniej kreatywną w sztuce i literaturze, nieduchową i materialną, heteroseksualną, wyzyskującą, zanieczyszczającą, nacjonalistyczną i o zwiększonej skłonności do wojny. Oszacowania dokonane w pobranych próbkach krwi obejmują aktywność cytochromu F420.

Wyniki

Wyniki pokazały, że populacja o neandertalistycznych cechach i właściwościach altruizmu, prymitywnego komunizmu, socjalizmu, demokracji, dominacji kobiet, matrilinealu, alternatywnej seksualności, kreatywności w sztuce i literaturze, duchowości, świadomości ekologicznej, pokojowego współistnienia i zglobalizowanego świata zwiększyła aktywność cytochromu F420. Wyniki wykazały, że populacja o cechach homo sapien i cechach egoizmu, prymitywnego kapitalistycznego, niedemokratycznego, dyktatorskiego, patriarchalnego, bardziej męskiego, mniej kreatywnego w sztuce i literaturze, nieduchowo-materialnego, heteroseksualnego, wyzyskującego, zanieczyszczającego, nacjonalistycznego i o zwiększonej skłonności do wojny zwiększyła aktywność cytochromu F420.

Tabela 1. Aktywność cytochromu F420

		Neandertalczyk (medytacyjny)	**homo sapien**	**Wartość F**	**Wartość P**
CYT F420 % (Zwiększyć za pomocą Ceru)	Mean	23.46	4.48	306.749	< 0.001
	± SD	1.87	0.15		

Dyskusja

Neurobiologia ekonomii - komunizm i kapitalizm

Społeczeństwo homo neandertalczyków i społeczeństwa matriarchalne zwiększyły percepcję kwantową za pośrednictwem magnetytu. Istniało poczucie zbiorowej nieświadomości i jedności świata. Indywidualne istnienie było skromne. Społeczeństwo istniało jako uniwersalna całość. Wywoływało to uczucie altruizmu, współczucia i miłości. W rezultacie powstało społeczeństwo, w którym dominowała świadomość społeczna. Istniało uczucie dzielenia się i dawania. To była podstawa prymitywnego socjalizmu i komunizmu. Nie istniały żadne struktury hierarchiczne, a społeczeństwo funkcjonowało na zasadzie komunizmu. Społeczeństwa wschodnie miały bardziej wspólnotową i społeczną podstawę.

Społeczeństwa homo sapiens i patriarchalne zmniejszyły percepcję kwantową za pośrednictwem magnetytu. Nie było poczucia zbiorowej nieświadomości i jedności świata.

Istniało poczucie indywidualności i jaźni. Społeczeństwo istniało dla jednostki lub rodziny. Nie istniało poczucie altruizmu, współczucia i miłości. Dominowała indywidualność i mentalność pies-żołnierz. Nie istniało uczucie dzielenia się i dawania. Celem było zgromadzenie bogactwa dla jednostki i rodziny. Istniały hierarchiczne struktury i społeczeństwo funkcjonowało w oparciu o bogactwo i przywileje. Ewoluowało to w kapitalizm. Społeczeństwa zachodnie miały podstawy kapitalistyczne. [1-16]

Neurobiologia Historii i Polityki

Homo neandertalczyk miał zwiększoną percepcję kwantową. Wywołało to uczucie jedności i równości. Nie istniały żadne struktury hierarchiczne i istniało poczucie uniwersalnej całości. Było to przykładowe w społeczeństwach neandertalczyków. Demokracja rozwinęła się w starożytnych republikach indyjskich w średniowieczu. Harappańskie społeczeństwo było również demokratyczne. Istniała tolerancja wobec mniejszości.

Homo sapiens miał obniżoną percepcję kwantową. Było więcej indywidualizmu, egoizmu i potrzeby kontrolowania innych. Dało to początek dyktaturze, władzy królewskiej i niedemokratycznym strukturom. Nazistowskie Niemcy są skrajnym przykładem homo sapiens zachowania egoizmu i dyktatury. Nie było tolerancji dla mniejszości, co widać było w nazistowskim stosunku do Żydów, którzy byli neandertalczykami z pochodzenia. [1-16]

Neurobiologia Organizacji Społecznej, Ruchu Feministycznego i Alternatywnej Seksualności

Homo neandertalczyk miał zwiększony wzrost cholesterolu katabolizującego archaiki, co doprowadziło do niedoboru hormonów płciowych i równouprawnienia płci męskiej i żeńskiej. Homo neanderthalis miał matriarchalne społeczeństwo z cechami przemiennej seksualności z cechami aseksualnymi. Istniała dominacja kobiet i kobiece przywództwo. W mózgu neandertalczyka istniała zwiększona percepcja kwantowa prowadząca do równego społeczeństwa bez hierarchii. Był to rodzaj prymitywnego komunizmu z dzieleniem się i współczuciem. Nie było żadnej premii za indywidualność. Było mniej konsumpcjonizmu, a więcej świadomości ekologicznej. Środowisko miało duszę. Było to przede wszystkim społeczeństwo dające i przyjmujące. Społeczeństwo było równe i nie było apartheidu. Najeżdżający homo sapiens, Aryjczycy narzucali kastowe społeczeństwo kochającym pokój sudańskim neandertalczykom. Rig vedas zawiera żywy opis tej wojny.

Homo sapiens miał obniżony wzrost cholesterolu katabolizującego archaea, co doprowadziło do wzrostu poziomu hormonów płciowych i dominacji mężczyzn. Społeczeństwo homo sapiens było patriarchalnym społeczeństwem z męską dominacją i męskim przywództwem. Było to społeczeństwo w przeważającej mierze heteroseksualne. Nastąpił spadek postrzegania ilościowego, co doprowadziło do powstania społeczeństwa, w którym indywidualność miała przewagę. To dało początek społeczeństwu kapitalistycznemu i konsumpcyjnemu z bardzo małą świadomością ekologiczną. Środowisko nie posiadało duszy. Było to w przeważającej mierze społeczeństwo "na wynos". Społeczeństwo było zorganizowane na bazie kastowej, z homo neandertalczykami jako nieudacznikami sudry i homo sapiens jako klasą rządzącą. Była to forma apartheidu. [1-16]

Neurobiologia języka, literatury i sztuki

Homo neandertalczyk miał zwiększoną infekcję archeologiczną. To dało początek tikom głosowym i motorycznym. Tiki ruchome korelowały z tikami wokalnymi, co doprowadziło do ewolucji języka. Język ewoluował z powodu możliwej epidemii zespołu la tourette. Później rozwinęła się literatura. Homo neandertalczyk miał zwiększoną percepcję kwantową i pozazmysłową. To dało początek światu wyobraźni i literatury. Wczesna literatura rozwijała się we wschodnich społeczeństwach neandertalczyków.

Homo sapiens miał mniej infekcji archeologicznych i mniej dominujący zespół tików. Ewolucja języka była mniej skuteczna u homo sapiens. Homo sapiens miał obniżoną percepcję kwantową i pozazmysłową. Świat wyobraźni i literatury był w nich mniej rozwinięty.

Homo neanderthalis miał zanik kory przedczołowej i dominację móżdżku. Spowodowało to ataksję wyrostkową i osiową. To prowadzi do ewolucji malarstwa abstrakcyjnego. Malarstwo abstrakcyjne zostało wprowadzone przez Picassa, należącego do społeczeństwa baskijsko-celtyckiego, które miało neandertalskie podstawy. Ataksja chodu i ataksja osiowa spowodowały niestabilność dłoni i kończyn, która później przerodziła się w taniec. Tiki wokalne prowadziły do muzyki, a ataksjalna mowa dawała początek kadencji muzycznej. Społeczeństwa wschodnie dały impuls do tańca, malarstwa i muzyki.

Homo sapiens miał dominację kory przedczołowej i zanik móżdżku. Nie było ataksji. Taniec, muzyka i malarstwo nie były w nich rozwinięte. Społeczeństwa zachodnie mają tendencję do zgłębiania dziedziny muzyki, tańca i malarstwa w mniej rozwinięty sposób. [1-16]

Neurobiologia religii, społeczeństwa i duchowości

Homo neandertalczyk miał zwiększoną percepcję kwantową. Istniało poczucie jedności świata i zbiorowej nieświadomości. To dało początek koncepcji archetypów jungijskich. Istniała zwiększona duchowość i poczucie uniwersalnej duszy. Wschodnie społeczeństwa neandertalskie były bardziej duchowe i pełniejsze uniwersalnej boskości.

Homo sapiens miał obniżoną percepcję kwantową. Nie było uczucia jedności ani zbiorowej nieświadomości. Nie istniała koncepcja archetypów Junga. Zmniejszała się duchowość i poczucie uniwersalnej duszy. Religia była bardziej zorganizowana, hierarchiczna i była sposobem kontrolowania społeczeństwa. To była religia bez duchowości. To dało początek wojnom na bazie religii. Pół społeczeństwa miały swoje wyprawy krzyżowe i nowoczesną wojnę z terroryzmem. We wschodnim świecie nie było równej wojny opartej na religii. [1-16]

Neurobiologia Ruchu Feministycznego i Alternatywnej Seksualności (Neurobiology of the Feminist Movement and Alternate Sexuality)

Homo neandertalczyk miał zwiększony wzrost cholesterolu katabolizującego archaiki, co doprowadziło do niedoboru hormonów płciowych i równouprawnienia płci męskiej i żeńskiej. Homo neanderthalis miał matriarchalne społeczeństwo z cechami przemiennej seksualności z cechami aseksualnymi. Istniała dominacja kobiet i kobiece przywództwo. U neandertalczyków istniało zwiększone postrzeganie kwantowe i poczucie jedności mężczyzn i kobiet.

Homo sapiens miał obniżony wzrost cholesterolu katabolizującego archaea, co doprowadziło do wzrostu poziomu hormonów płciowych i dominacji mężczyzn. Społeczeństwo homo sapiens było patriarchalnym społeczeństwem z męską dominacją i męskim przywództwem. Było to społeczeństwo w przeważającej mierze heteroseksualne. Nastąpił spadek postrzegania ilościowego z dominacją i nierównością mężczyzn. [1-16]

Neurobiologia Ruchu Środowiskowego

Homo neandertalczyk miał zwiększoną percepcję kwantową i poczucie jedności ze światem. Rośliny, zwierzęta i ziemia miały duszę. Człowiek czuł się w jedności ze światem.

To prowadzi do koncepcji eko-duchowości. Nie było żadnego konsumpcjonizmu ani wyzysku. Świat istniał razem ze środowiskiem.

Homo Sapiens nie miał żadnej percepcji kwantowej. Nie było poczucia jedności ze światem. Rośliny, zwierzęta i ziemia nie miały duszy. Człowiek był poza światem. Bóg dał świat człowiekowi, aby mógł go wykorzystywać i cieszyć się nim. Nie istniało pojęcie eko-duchowości. Był konsumpcjonizm i eksploatacja środowiska. To prowadzi do globalnego ocieplenia, zanieczyszczenia i zniszczenia świata. [1-16]

Neurobiologia globalizacji i świat zdominowany przez Internet

Homo neandertalczyk miał zwiększoną percepcję kwantową i czuł, że świat jest jeden. Istniało uczucie globalnej świadomości. Zwiększone postrzeganie niskiego poziomu EMF z powodu zwiększonej produkcji porfiryn prowadzi do zaniku kory przedczołowej i dominacji móżdżku. Świadoma percepcja zmniejsza się i dominuje percepcja kwantowa. Świat staje się jednorodny i jednolity.

Homo sapiens miał obniżoną percepcję kwantową i nie czuł jedności ze światem. Nie było uczucia globalnej świadomości. Było zmniejszone postrzeganie niskiego poziomu EMF z powodu zmniejszenia produkcji porfiryn produkujących dominację kory przedczołowej i dominację świadomej percepcji. Świat należy do jednostki. Świat nie jest postrzegany jako jeden. Świat jest podzielony na państwa narodowe i księstwa. [1-16]

Neurobiologia historii, wojny i pokoju

Homo neandertalczyk miał zwiększoną percepcję kwantową, co dawało poczucie uniwersalnej jedności i jednolitości. Zwiększył się poziom miłości i współczucia. Nie było wojny, ale powszechnego pokoju. Homo sapiens zmniejszył postrzeganie kwantowe, co dało poczucie indywidualności i plemiennej świadomości. Nie było miłości i współczucia. Nie było wojny i nie było uniwersalnego pokoju.

Największe wojny w historii toczą się między kochającym pokój homo neandertalczykiem a agresywnym homo sapiensem. Wojna Ramajana toczyła się między neandertalską armią asurystyczną Ravany a homo sapiens Rama. Wojna Mahabharata być między homo sapiens Pandava wojsko i neandertalczyk Kaurava wojsko. Wojny światowe zostały narzucone światu przez homo sapiens i ich plemienną świadomość. Hitler i

Mussolinowie są tego doskonałymi przykładami. Jedyne bombardowania atomowe na świecie były również prowadzone przez sojuszniczą armię homo sapiens. [1-16]

Referencje

1. Weaver TD, Hublin JJ. Neandertal Birth Canal Shape and the Evolution of Human Childbirth. *Proc. Natl. Acad. Sci. USA* 2009; 106:8151-8156.
2. Kurup RA, Kurup PA. Endosymbiotyczny aktynoidalny archetyp pośredniczący w rozwoju fenotypu Warburga pośredniczy w rozwoju choroby człowieka. *Advances in Natural Science* 2012; 5(1):81-84.
3. Morgan E. The Neanderthal theory of autism, Asperger and ADHD; 2007, www.rdos.net/eng/asperger.htm.
4. Graves P. New Models and Metaphors for the Neanderthal Debate. *Current Anthropology* 1991; 32(5): 513-541.
5. Sawyer GJ, Maley B. Neanderthal zrekonstruowany. *The Anatomical Record Part B: The New Anatomist* 2005; 283B(1):23-31.
6. Bastir M, O'Higgins P, Rosas A. Facial Ontogeny in Neanderthals and Modern Humans. *Bastir M, O'Higgins P, Rosas A. Ontogeneza twarzy u neandertalczyków i współczesnych ludzi. Sci.* 2007; 274:1125-1132.
7. Neubauer S, Gunz P, Hublin JJ. Endocranial Shape Changes during Growth in Chimpanzees and Humans: Analiza morfometryczna Unique and Shared Aspects. *J. Hum. Evol.* 2010; 59:555-566.
8. Courchesne E, Pierce K. Brain Overgrowth in Autism during a Critical Time in Development: Implikacje dla rozwoju Neuronu Piramidalnego i Interneuronu i łączności. *Int. J. Dev. Neurosci.* 2005; 23:153–170.
9. Green RE, Krause J, Briggs AW, Maricic T, Stenzel U, Kircher M, Patterson N, Li H, Zhai W, *et al.* A Draft Sequence of the Neandertal Genome. *Science* 2010; 328:710-722.
10. Mithen SJ. *The Singing Neanderthals: The Origins of Music, Language, Mind and Body*; 2005, ISBN 0-297-64317-7.
11. Bruner E, Manzi G, Arsuaga JL. Encephalization and Allometric Trajectories in the Genus Homo: Dowody z linii neandertalskiej i nowoczesnej. *Proc. Natl. Acad. Sci. USA 2003*; 100:15335-15340.
12. Gooch S. *The Dream Culture of the Neanderthals: Strażnicy Starożytnej Mądrości. Inner Traditions*, Wildwood House, Londyn; 2006.
13. Gooch S. *The Neanderthal Legacy: Obudzenie naszych genetycznych i kulturowych korzeni. Inner Traditions*, Wildwood House, Londyn; 2008.
14. Kurtén B. *Den Svarta Tigern*, ALBA Publishing, Stockholm, Sweden; 1978.

15. Spikins P. Autyzm, Integracja "Różnicy" i Pochodzenie Nowoczesnego Zachowania Człowieka. *Cambridge Archaeological Journal* 2009; 19(2):179-201.

16. Eswaran V, Harpending H, Rogers AR. Genomika odrzuca wyłącznie afrykańskie pochodzenie człowieka. *Journal of Human Evolution* 2005; 49(1):1-18.

ROZDZIAŁ 12
MEDYTACYJNY MÓZG - ZESPÓŁ KOMÓREK MACIERZYSTYCH ZAINDUKOWANYCH ARCHAICZNIE I ANDROGYNICZNY TWÓRCZY MATRIARCHALNY KANIBALISTYCZNY STAN KAPITALISTYCZNY

Wprowadzenie

Medytacja może modulować metabolizm organizmu i funkcje mózgu. Mechanizm ten polega na indukcji układu heme-tlenazy. Medytacja indukuje heme-tlenazę, która przekształca heme w tlenek węgla i bilirubinę. Bilirubina i bilirubina są zmiataczami wolnych rodników i mopem w górę wolnych rodników. Wolni radykałowie są wymagający dla funkcji NMDA zależnej talamo-ortico-thalamic sprzężenia zwrotnego obwodu pogłosowego kluczowego w świadomości. Obwód ten pośredniczy w pracy pamięci i skupieniu uwagi. Wolne rodniki również aktywować NMDA i przez jego zdolność do swobodnego dyfuzji przez systemy mózgowe mogą indukować aktywność NMDA, zsynchronizowane rozsadzanie neuronów w różnych częściach obszarów sensorycznych produkujących synchronizację percepcyjną. To pośredniczy w świadomości. W ten sposób wydalanie wolnych rodników przez heme-tlenazę prowadzi do tłumienia świadomości i medytacyjnych transów. Indukcja heme-tlenazy hamuje syntezę ALA. W ten sposób hem jest uszczuplony z systemu. Zwiększa się synteza porfiryn prowadząca do porfirynurii i porfirii. Bodziec do syntezy porfiryn pochodzi z niedoboru hemu. Porfiryny mogą organizować się w samoreplikujące się struktury nadcząsteczkowe zwane porfirynami, które są indukowane przez praktyki medytacyjne. Porfiryny mogą organizować się w struktury makrocząsteczkowe, które mogą się samoczynnie replikować, tworząc organizm porfirynowy. Indukowane fotonem przenoszenie elektronów wzdłuż makromolekuły może prowadzić do wywołanej światłem syntezy ATP. Porfiryny mogą tworzyć szablon, na którym RNA i DNA mogą tworzyć wiroidy generujące. Porfiryny mogą również tworzyć szablon, na którym mogą tworzyć się priony. Wszystkie one mogą się połączyć - wiroidy RNA, wiroidy DNA i priony - tworząc prymitywne archaiki. W ten sposób archaiki są zdolne do samoreplikacji na szablonach porfiryn. Samo-replikujące się archaiki mogą wyczuć grawitację, która daje początek świadomości. Potrafią również wyczuć pola antygrawitacyjne, które dają początek nieświadomemu mózgowi. W ten sposób mogą istnieć zarówno samo-replikujące się archaiki jak i antyarchaiki, które regulują mózg świadomy i nieświadomy. Tak więc stres klimatyczny pośredniczy zwiększona synteza porfiryn prowadzi do zaniku kory przedczołowej, dominacji móżdżku, zaburzeń poznawczych afektywnych

móżdżku, kwantowej percepcji i neandertalizacji populacji. Porfiryny są samoreplikującymi się organizmami nadcząsteczkowymi, które tworzą szablon prekursora, na którym powstają wiroidy, priony i nanoarchaea. Medytacyjny szablon wywołany stresem ukierunkowany na abiogenezę porfirów, prionów, wiroidów i archaicznych jest procesem ciągłym i może przyczyniać się do zmian w strukturze i zachowaniu mózgu, jak również w procesie chorobowym.

Globalne ocieplenie powoduje powstawanie ekstremalnych temperatur i akumulację atmosferycznego dwutlenku węgla, co prowadzi do wzrostu symbiotycznych ekstremofili, takich jak archaiowie. Archaea może indukować różnicowanie się komórek somatycznych do komórek macierzystych. Wiąże się to z procesem odwrotnego starzenia się. Zróżnicowane komórki somatyczne tracą swoją funkcję, gdy stają się komórkami macierzystymi. Archaeal magnetyt indukuje kwantowe pozazmysłowe postrzeganie niskiego poziomu EMF, ponieważ neuronalne komórki somatyczne tracą swoją funkcję. Powoduje to niski poziom wpływu EMF na mózg produkujący zanik korowy, zwłaszcza na korę przedczołową. W prymitywnych częściach mózgu dominują móżdżek i pnie mózgu ulegające przerostowi. Zanik kory mózgowej powoduje zmiany behawioralne. Kora mózgowa ma różną dominację półkulistą u samców i samic. Prawa półkula jest półkulą twórczą i jest męska. Lewa półkula jest półkulą praktyczną i jest kobiecą. Kiedy kora zanika, półkula różnicuje się i wpływ na zachowanie jest zatarty. Efekt korowy na zachowanie mężczyzn i kobiet zostaje utracony. Zachowanie staje się jednolite i pojedyncze i jest zdominowane przez prymitywny pnia mózgu i korę mózgową. Prowadzi to do impulsywnego zachowania zdominowanego przez wolę władzy i indywidualności. Stanowi to podstawę stanu androgynicznego i alternatywnych form seksualności. Hipoteza ta została zbadana w niniejszej pracy poprzez sprawdzenie archeologicznego wzrostu populacji o alternatywnych cechach płciowych. [1-17]

Materiały i metody

Próbki krwi pobrano od 15 normalnych osób poddanych praktykom medytacyjnym oraz od normalnych osób z odmiennymi cechami płciowymi. Badano aktywność cytochromu F420. W pobranych próbkach krwi oszacowano aktywność mleczanu, pirogronianu, heksokinazy, cytochromu C, digoksyny, kwasów żółciowych, maślanu i propionianu.

Wyniki

Wyniki wykazały, że osoby z naprzemiennymi cechami płciowymi miały zwiększoną symbiozę archeologiczną i zwiększoną aktywność cytochromu F420. Mieli również zwiększoną ilość mleczanów i pirogronianów krwi, zwiększoną heksokinazę RBC, zwiększoną aktywność cytochromu C i cytochromu F420 w surowicy, zwiększoną ilość digoksyny, kwasów żółciowych, maślanu i propionianu. Stężenie cytochromu C we krwi zostało podwyższone. Sugerowało to dysfunkcję mitochondriów. Nasiliła się glikoliza, co sugerowane było zwiększoną aktywnością heksokinazy RBC i kwasicą mlekową. Ze względu na dysfunkcję mitochondriów i hamowanie dehydrogenazy pirogronianowej dochodziło do akumulacji pirogronianów. W cyklu Cori pirogronian został przekształcony w mleczan, a także w glutaminian i amoniak. Ten metabolizm wskazuje na fenotyp Warburga i konwersję komórek macierzystych. Komórki macierzyste uzależnione są od beztlenowej glikolizy Warburga dla celów energetycznych i mają dysfunkcję mitochondrialną. Aktywność lizosomalnego enzymu beta galaktozydazy została zwiększona w grupie chorobowej oraz w twórczych artystach i przestępcach sugerujących konwersję komórek macierzystych. Sugeruje to, że osoby o cechach androgynicznych miały metabolizm komórek macierzystych i konwersję komórek macierzystych.

Tabela 1

Grupa	Cytochrom F 420		Serum Cyto C (ng/ml)		Laktat (mg/dl)		Pirwat (umol/l)		Heksokinaza RBC (ug glu phos/hr/mgpro)	
	Mean	± SD	Mean	± SD	Mean	± SD	Mean	± SD	Mean	± SD
Normalna populacja	1.00	0.00	2.79	0.28	7.38	0.31	40.51	1.42	1.66	0.45
Alternatywne cechy płciowe	4.00	0.00	12.39	1.23	25.99	8.10	100.51	12.32	5.46	2.83
Niski poziom promieniowania tła	4.00	0.00	12.26	1.00	23.31	1.46	103.28	11.47	7.58	3.09
Medytacja	4.00	0.00	12.22	1.00	24.21	1.42	112.22	11.46	7.45	3.12
Wartość F	0.001		445.772		162.945		154.701		18.187	
Wartość P	< 0.001		< 0.001		< 0.001		< 0.001		< 0.001	

Tabela 2

Grupa	ACOA (mg/dl)		Glutaminian (mg/dl)		Se. Amoniak (ug/dl)		RBC digoksyna (ng/ml RBC Susp)		Aktywność beta-galaktozydazy w surowicy (IU/ml)	
	Mean	± SD	Mean	± SD	Mean	± SD	Mean	± SD	Mean	± SD
Normalna populacja	8.75	0.38	0.65	0.03	50.60	1.42	0.58	0.07	17.75	0.72
Alternatywne cechy płciowe	2.51	0.36	3.19	0.32	93.43	4.85	1.41	0.23	55.17	5.85
Niski poziom promieniowania tła	2.14	0.19	3.47	0.37	102.62	26.54	1.41	0.30	51.01	4.77
Medytacja	2.12	0.18	3.89	0.32	112.58	24.32	1.46	0.32	54.11	4.32
Wartość F	1871.04		200.702		61.645		60.288		194.418	
Wartość P	< 0.001		< 0.001		< 0.001		< 0.001		< 0.001	

Dyskusja

Zanik korowy i dominacja pnia mózgu/mózgu powoduje zacieranie się półkulistych różnic w zachowaniach seksualnych. Prawa półkula jest twórcza i męska w spojrzeniu, podczas gdy lewa półkula jest praktyczna i kobieca w spojrzeniu. Prymitywne części mózgu przejmują funkcję regulacji zachowań seksualnych. Ważną rolę odgrywa móżdżek, co skutkuje impulsywnymi cechami seksualnymi. Różnica pomiędzy męskimi i żeńskimi zachowaniami seksualnymi indukowanymi przez funkcję korową mózgu zostaje utracona. Archeologiczny katabolizm cholesterolu powoduje wyczerpywanie się sterydów płciowych oraz niedobór testosteronu i estrogenów. Indukowana przez archeologów zamiana komórek jajnika i jądra na komórki macierzyste powoduje utratę funkcji i zmniejszenie wydzielania męskich i żeńskich hormonów. Zachowanie staje się unisexualne. Staje się ono nieinhibicjonujące i impulsywne w naturze. Wykracza poza wszelkie tabu i ma swoje odzwierciedlenie w kulturze i społeczeństwie, wpływając na wszystkie sposoby społecznej interakcji. Dominująca forma percepcji mózgu jest pozazmysłowa lub kwantowa. Prymitywne ludzkie impulsy stają się wyzwalane i to powoduje zalew prymitywnych cech zachowania z cechami przemocy, agresji i obsceniczne w społeczeństwie. Zwiększona częstość występowania gwałtownych cech zachowania seksualnego jest związana z dominacją prymitywnych obszarów mózgu - móżdżku i pnia mózgu. Zmienia się także sposób ubierania się społeczeństwa, co prowadzi do powstawania ubrań metroseksualnych i nieseksualnych. Sposób ubioru mężczyzn i kobiet zmienia się i obydwa stają się równe i takie same. W ten sposób powstaje świat metroseksualny. [1-17]

Dominacja prymitywnych obszarów mózgu skutkuje ucieczką przed strachem i reakcją bojową, co prowadzi do epidemii egoizmu w społeczeństwie. Indywidualizm przejmuje władzę i nie ma żadnego zobowiązania wobec społeczeństwa jako takiego. Zachowania seksualne zostały zaprogramowane dla dobra społeczeństwa w taki sposób, aby zastąpić ludzką populację. Zanik korowy i dominacja móżdżku powoduje, że egoistyczne zachowania seksualne wytwarzają zachowania seksualne dla indywidualnej przyjemności i zaspokojenia w sensie animalistycznym. Powoduje to utratę wartości rodzinnych i zmniejszenie się populacji, jak to ma miejsce w krajach europejskich. Zanik kory mózgowej i dominacja móżdżku skutkują egoizmem i indywidualizmem przyczyniającym się do powstania społeczeństwa anarchicznego. Mózgowy zanik korowy wynika z postrzegania niskiego poziomu EMF wynikającego ze zwiększonego archeologicznego magnetytu, jak również z zanieczyszczenia EMF wynikającego z narażenia na działanie internetu. Społeczeństwo staje się zglobalizowane i anarchicznie napędzane przez Internet. Skutkuje to akorycznym acefalistycznym społeczeństwem z dominującą prymitywną funkcją móżdżku. Nie ma w nim współczucia, miłości, poczucia altruizmu ani dobroci. Zastępuje to egoizm i indywidualność. Internet i media społecznościowe stają się wspólnym rynkiem dla interakcji. Uczucie ludzkiego dotyku i miłości zostaje utracone. Społeczeństwo staje się coraz bardziej robotyczne i autystyczne. Sfera zmysłów przejmuje królestwo Boże. Wszystko zostaje podporządkowane i złożone w ofierze na ołtarzu egoizmu, chciwości i przyjemności. W ten sposób powstaje anarchiczne, nieseksualne i prymitywne społeczeństwo impulsów. Korowa atrofia i dominacja móżdżku skutkuje grą prymitywnych impulsów, co prowadzi do przemocy i agresji. Wynika to z kultury egoizmu. To powoduje terroryzm i akty wojny, które są formą transcedencji. Prowadzi to również do zachowań przestępczych, w których dominuje indywidualność i egoizm. Społeczeństwo staje się zdominowane przez zachowania rytualne i w niektórych przypadkach obsceniczne. [1-17]

Zanik korowy i dominacja móżdżku powodują utratę funkcji neuronów korowych i zwiększoną percepcję pozazmysłową, za którą stoi archeologiczny magnetyt. Prowadzi to do dominacji zachowań duchowych, w których stykamy się z odwiecznymi i archetypami. Prowadzi to do powstania literatury transcedencyjnej. W ten sposób powstaje coś, co nazywa się realizmem magicznym takich pisarzy jak Gabriel Marquez. Literatura ta zgłębia złe głębie ludzkiej duszy. Prowadzi to do dominacji seksualnej, przemocy, obsceniczności i zła w literaturze, tak jak to jest widziane w literaturze postnowoczesnej. Ma to również odzwierciedlenie w sztuce malarstwa, tańca i muzyki. Malarstwo, taniec i muzyka stają się surrealistyczne, a racjonalizm kory mózgowej, która je reguluje, zostaje utracony. Skutkuje to muzyką psychodeliczną i rockową, a także surrealistyczną sztuką abstrakcyjną Picassa. Formy taneczne przybierają też gwałtowne, obsceniczne, chaotyczne formy. Jest to sztuka surrealistycznego, irracjonalnego, acefalistycznego świata w sferze zmysłów napędzanych przez obsceniczność. Ten rodzaj sztuki i literatury skorelowany jest z androgyniczną twórczością. [1-17]

Przedczołowy zanik korowy i dominacja móżdżku jest spowodowana wzrostem archeologicznym, który powoduje konwersję komórek macierzystych. Zespół komórek macierzystych może prowadzić do proliferacji chorób systemowych. Konwersja neuronalnych komórek macierzystych skutkuje utratą funkcji neuronalnych i dominującym pozazmysłowym archaeal magnetitem za pośrednictwem percepcji. Prowadzi to do epidemii schizofrenii i autyzmu. Komórki macierzyste mają fenotyp Warburga z dysfunkcją mitochondriów i energetyką glikolityczną. Prowadzi to do powstania zespołu metabolicznego x. Komórki macierzyste mogą się rozmnażać, co prowadzi do powstawania zespołów nowotworowych. Limfocytarne komórki macierzyste rozmnażają się tworząc chorobę autoimmunologiczną. Przemiana neuronalnych komórek macierzystych i utrata ich funkcji może prowadzić do zwyrodnień. W ten sposób systemowe choroby somatyczne i neuropsychiatryczne korelują z przemianami cech płciowych i komórek macierzystych. [1-17]

Archealna symbioza zapośredniczyła w zmianach w mózgu, powodując dominację móżdżku i zanik korowy, co prowadzi do indywidualizmu egoistycznego społeczeństwa. Jest to jądro kapitalistycznego wzrostu i modeli, które mają tendencję do upadku z powodu indywidualistycznej woli władzy i dominacji za wszelką cenę. Społeczeństwo staje się bardziej dyktatorskie i przejmuje je faszyzm i zachowania nazistowskie. Istnieje indywidualistyczna cecha egoizmu i prymitywny impuls do naśladowania lidera. Społeczeństwo obywatelskie, które jest sprawiedliwe, dobre, równe, socjalistyczne, demokratyczne i sprawiedliwe, generowane przez impulsy korowe, staje się martwe. Społeczeństwo, które rządzi się funkcjami móżdżku i tendencjami nieseksualnymi, staje się bardziej matriarchalne, ponieważ mężczyźni i kobiety mają podobne cechy. Kobiety również mają tendencję do bycia tak samo agresywnymi, jeśli nie bardziej niż mężczyźni. Utracona zostaje korowa kontrola półkuli nad zachowaniami społecznymi i indywidualnymi. Staje się ona prymitywnym światem egoizmu i indywidualności, nieskrępowanym przez seksualne obyczaje. [1-17]

Archeologiczne zarastanie i synteza digoksyny mogą modulować wzrost retrowiralny. Digoksyna może modulować edycję RNA i replikację retrowiralną. Digoksyna może również wytwarzać wewnątrzkomórkowy niedobór magnezu, co prowadzi do hamowania odwrotnej transkryptazy. W ten sposób zespół komórek macierzystych indukowany przez archeologa jest oporny na działanie retrowirusowe. Powoduje to zmiany w ludzkim genomie jako takim. Sekwencje HERV w ludzkim genomie funkcjonują jako przeskakujące geny produkujące dynamikę i elastyczność ludzkiego genomu. Jest to wymagane w przypadku zmian w połączeniach synaptycznych korowych, elastyczności genów HLA i zmian rozwojowych. Zespół komórek macierzystych zaindukowanych przez archeologa produkuje sztywny genom adynamiczny, który nie jest w stanie poradzić sobie ze złożonością połączeń korowych, rearanżacjami genu HLA dla odpowiedzi immunologicznej i zmianami genowymi dla złożonego rozwoju. Ta neandertalizacja ciała ludzkiego w wyniku symbiozy archeologicznej może oznaczać śmierć gatunku ludzkiego. Nowy gatunek ludzki, który może być przejściowy w wyniku archeologicznej symbiozy powstałej w wyniku ekstremofilnych zmian klimatycznych wynikających z globalnego ocieplenia, można nazwać ludzkim homo neoneandertalczykiem. Jest on androgyniczny, twórczy, psychodeliczny, artystyczny, duchowy, agresywny, gwałtowny, samolubny, impulsywny, anarchiczny, chaotyczny i indywidualistyczny. [1-17]

Referencje

1. Weaver TD, Hublin JJ. Neandertal Birth Canal Shape and the Evolution of Human Childbirth. *Proc. Natl. Acad. Sci. USA* 2009; 106:8151-8156.
2. Kurup RA, Kurup PA. Endosymbiotyczny aktynoidalny archetyp pośredniczący w rozwoju fenotypu Warburga pośredniczy w rozwoju choroby człowieka. *Advances in Natural Science* 2012; 5(1):81-84.
3. Morgan E. The Neanderthal theory of autism, Asperger and ADHD 2007, www.rdos.net/eng/asperger.htm.
4. Graves P. New Models and Metaphors for the Neanderthal Debate. *Current Anthropology* 1991; 32(5): 513-541.
5. Sawyer GJ, Maley B. Neanderthal zrekonstruowany. *The Anatomical Record Part B: The New Anatomist* 2005; 283B(1):23-31.
6. Bastir M, O'Higgins P, Rosas A. Facial Ontogeny in Neanderthals and Modern Humans. *Proc. Biol. Sci.* 2007; 274:1125-1132.
7. Neubauer S, Gunz P, Hublin JJ. Endocranial Shape Changes during Growth in Chimpanzees and Humans: Analiza morfometryczna Unique and Shared Aspects. *J. Hum. Evol.* 2010; 59:555-566.

8. Courchesne E, Pierce K. Brain Overgrowth in Autism during a Critical Time in Development: Implikacje dla rozwoju Neuronu Piramidalnego i Interneuronu i łączności. *Int. J. Dev. Neurosci.* 2005; 23:153–170.

9. Green RE, Krause J, Briggs AW, Maricic T, Stenzel U, Kircher M, Patterson N, Li H, Zhai W, *et al.* A Draft Sequence of the Neandertal Genome. *Science* 2010; 328:710-722.

10. Mithen SJ. *The Singing Neanderthals: The Origins of Music, Language, Mind and Body*; 2005, ISBN 0-297-64317-7.

11. Bruner E, Manzi G, Arsuaga JL. Encephalization and Allometric Trajectories in the Genus Homo: Dowody z linii neandertalskiej i nowoczesnej. *Proc. Natl. Acad. Sci. USA* 2003; 100:15335-15340.

12. Gooch S. *The Dream Culture of the Neanderthals: Strażnicy Starożytnej Mądrości.* Inner Traditions, Wildwood House, Londyn; 2006.

13. Gooch S. *The Neanderthal Legacy: Obudzenie naszych genetycznych i kulturowych korzeni.* Inner Traditions, Wildwood House, Londyn; 2008.

14. Kurtén B. *Den Svarta Tigern*, ALBA Publishing, Stockholm, Sweden; 1978.

15. Spikins P. Autyzm, Integracja "Różnicy" i Pochodzenie Nowoczesnego Zachowania Człowieka. *Cambridge Archaeological Journal* 2009; 19(2):179-201.

16. Eswaran V, Harpending H, Rogers AR. Genomika odrzuca wyłącznie afrykańskie pochodzenie człowieka. *Journal of Human Evolution* 2005; 49(1):1-18.

17. Ramachandran V.S. The Reith wykłada, BBC Londyn. 2012.

ROZDZIAŁ 13
MÓZG MEDYTACYJNY - FALE GRAWITACYJNE, WSZECHŚWIAT I STRUKTURA LUDZKIEGO UMYSŁU - DOWODY Z BADAŃ NAD ŚPIĄCZKĄ, SCHIZOFRENIĄ I AUTYZMEM

Wprowadzenie

Medytacja może modulować metabolizm organizmu i funkcje mózgu. Mechanizm ten polega na indukcji układu heme-tlenazy. Medytacja indukuje heme-tlenazę, która przekształca heme w tlenek węgla i bilirubinę. Bilirubina i bilirubina są zmiataczami wolnych rodników i mopem w górę wolnych rodników. Wolni radykałowie są wymagający dla funkcji NMDA zależnej talamo-ortico-thalamic sprzężenia zwrotnego obwodu pogłosowego kluczowego w świadomości. Obwód ten pośredniczy w pracy pamięci i skupieniu uwagi. Wolne rodniki również aktywować NMDA i przez jego zdolność do swobodnego dyfuzji przez systemy mózgowe mogą indukować aktywność NMDA, zsynchronizowane rozsadzanie neuronów w różnych częściach obszarów sensorycznych produkujących synchronizację percepcyjną. To pośredniczy w świadomości. W ten sposób wydalanie wolnych rodników przez heme-tlenazę prowadzi do tłumienia świadomości i medytacyjnych transów. Indukcja heme-tlenazy hamuje syntezę ALA. W ten sposób hem jest uszczuplony z systemu. Zwiększa się synteza porfiryn prowadząca do porfirynurii i porfirii. Bodziec do syntezy porfiryn pochodzi z niedoboru hemu. Porfiryny mogą organizować się w samoreplikujące się struktury nadcząsteczkowe zwane porfirynami, które są indukowane przez praktyki medytacyjne. Porfiryny mogą organizować się w struktury makrocząsteczkowe, które mogą się samoczynnie replikować, tworząc organizm porfirynowy. Indukowane fotonem przenoszenie elektronów wzdłuż makromolekuły może prowadzić do wywołanej światłem syntezy ATP. Porfiryny mogą tworzyć szablon, na którym RNA i DNA mogą tworzyć wiroidy generujące. Porfiryny mogą również tworzyć szablon, na którym mogą tworzyć się priony. Wszystkie one mogą się połączyć - wiroidy RNA, wiroidy DNA i priony - tworząc prymitywne archaiki. W ten sposób archaiki są zdolne do samoreplikacji na szablonach porfiryn. Samo-replikujące się archaiki mogą wyczuć grawitację, która daje początek świadomości. Potrafią również wyczuć pola antygrawitacyjne, które dają początek nieświadomemu mózgowi. W ten sposób mogą istnieć zarówno samo-replikujące się archaiki jak i antyarchaiki, które regulują mózg świadomy i nieświadomy. Tak więc stres klimatyczny pośredniczy zwiększona synteza porfiryn prowadzi do zaniku kory przedczołowej, dominacji móżdżku, zaburzeń poznawczych afektywnych

móżdżku, kwantowej percepcji i neandertalizacji populacji. Porfiryny są samoreplikującymi się organizmami nadcząsteczkowymi, które tworzą szablon prekursora, na którym powstają wiroidy, priony i nanoarchaea. Medytacyjny szablon wywołany stresem ukierunkowany na abiogenezę porfirów, prionów, wiroidów i archaicznych jest procesem ciągłym i może przyczyniać się do zmian w strukturze i zachowaniu mózgu, jak również w procesie chorobowym.

Badania nad normalnymi świadomymi osobami, pacjentami w śpiączce i zaburzeniami świadomości, takimi jak schizofrenia i autyzm, wykazują zmiany w aktywności płynu mózgowo-rdzeniowego w łuku mózgowym, mierzone za pomocą testu cytochromu F420. Schizofrenia i autyzm wykazują zwiększoną aktywność cytochromu F420 w płynie mózgowo-rdzeniowym, u normalnych świadomych pacjentów aktywność jest prawidłowa, a u pacjentów z zawałem półkuli i wtórną kompresją pnia mózgu z powodu przepukliny przejściowej nie było żadnej aktywności. Wskazywało to na aktynowy wzrost w ośrodkowym układzie nerwowym. Archaiki aktynowców mogą modulować świadome postrzeganie. Archaiki aktynowców są ekstremofilami i mogą rosnąć w ekstremalnych warunkach temperatury, przestrzeni i hipergrawitacji. [1-3] Doprowadziło to do tego, że grawitacyjnie odczuwalne archaiki aktynowe mózgu pośredniczą w świadomości, a także w świadomości jako cecha sił grawitacyjnych. Grawitacja rozciąga się jako fale grawitacyjne składające się z możliwych grawitonów w całym wszechświecie. [4 Fale] grawitacyjne mogą tworzyć fale ciśnienia, które mogą tworzyć dźwięki grawitacyjne. Te dźwięki myślowe mogą przechodzić soni-luminescencję tworząc fotony i promieniowanie elektromagnetyczne stanowiące podstawę świata materii. Świadoma percepcja obejmuje trzy czynniki: synchronizację percepcyjną, koncentrację uwagi za pośrednictwem siatkowego jądra wzgórza i siatkówki wzgórzowo-korowo-oczne obwód pogłosowy. [5] Struktury te są modulowane przez grawitację, jak pokazuje klasyczny zespół piramidalny, gdzie ton jest bardziej w grupach mięśni antygrawitacji. Przyciąganie grawitacyjne z natury rzeczy może modulować wiązanie percepcyjne i koncentrację uwagi. [6] Grawitacja może również pośredniczyć w pamięci roboczej, angażując ułamek sekundy uporządkowanej w siatkówkowo-wzgórzowo-ortalowo-soczewkowy obwód pogłosowy. Siatkówka może być uważana za prymitywną sieć kolonii archeologicznych wyczuwających archaiki hipergrawitacji o możliwym egzobiologicznym pochodzeniu. [7] Grawitacja może więc funkcjonować jako pole myślowe przenikające cały wszechświat jako fale grawitacyjne składające się z możliwych grawitonów, które są bezmasowymi cząstkami poruszającymi się z prędkością światła. Fale grawitacyjne tworzą subkwantalne pole, z którego mogą wyskakiwać kwarki, fermiony, bozony, elektrony, neutrony, pozytony i fotony jako cząstki z ich fal osadzonych w morzu fal grawitacyjnych, a ewentualne grawitony pola myślowego funkcjonują jako wszechobecny obserwator. W ten sposób myślowe pole grawitacji i materia zostają ujednolicone. Myśl leży u podstaw świata materii. [8]

Badania w naszym laboratorium wykazały zmiany w aktywności cytochromu F420 w płynie mózgowo-rdzeniowym u pacjentów przytomnych, śpiących, chorych na schizofrenię i autyzm. Płyn mózgowo-rdzeniowy badano pod kątem aktywności cytochromu F420 metodą spektrofotometryczną. Aktywność ta była zwiększona u chorych na schizofrenię i autyzm, nieobecnych w śpiączce i obecnych z niewielkim nasileniem u osób zdrowych. Aktywność cytochromu F420, metanogennego cytochromu zwiększała się po dodaniu aktynowca ceru. Wskazywało to na zależny od aktynowców wzrost archeologiczny. Archaiki aktynowców są ekstremofilami i mogą rosnąć w ekstremalnych warunkach temperatury, przestrzeni i hipergrawitacji. [1] Aktynowce odgrywają rolę w abiogenezie. [2] Doprowadziło to do powstania hipergrawitacji w mózgu aktynowców wyczuwających archaiczne archaiki pośredniczące w świadomości, a także świadomości jako cechy sił grawitacyjnych. Doprowadziło to do możliwości egzobiologicznych aktynowych archaikach, które są paleospermiczne w pochodzeniu, przyczyniając się do ewolucji życia na Ziemi, w tym homo sapien mózgu. 3

Materiały i metody

Uzyskano zgodę komisji etycznej ośrodka oraz indywidualną zgodę na przeprowadzenie badania. Grupy objęte badaniem to osoby normalne, przechodzące praktyki medytacyjne, normalne osoby świadome (przechodzące zabiegi chirurgiczne na kręgosłupie), chorzy na uporczywe wegetatywne zawały bi-hemisfery oraz zaburzenia świadomości, takie jak schizofrenia i autyzm. W każdej grupie było 10 osób. Do badań użyto płynu mózgowo-rdzeniowego, a protokół doświadczalny był następujący: (I) płyn mózgowo-rdzeniowy + sól fizjologiczna buforowana fosforanem, (II) taka sama jak substrat I+cholesterolowy, (III) taka sama jak II+cerium 0,1 mg/ml, oraz (IV) taka sama jak II+profloksacyna i doksycyklina, każda w stężeniu 1 mg/ml. Podłoże cholesterolowe zostało przygotowane w sposób opisany przez Richmond. Po zmieszaniu i po inkubacji w temperaturze 37oC przez 1 godzinę próbki wycofywano w czasie zerowym. Cyktochrom F420 oceniano mącznikowo (długość fali wzbudzenia 420 nm i długość fali emisji 520 nm).

Wyniki

W płynie mózgowo-rdzeniowym u osób zdrowych stwierdzono zwiększony poziom cytochromu F420 po inkubacji przez 1 godzinę, a dodanie substratu cholesterolowego spowodowało dalszy znaczący wzrost tych parametrów. W płynie mózgowo-rdzeniowym osób chorych na schizofrenię i autyzm uzyskano podobne wyniki, ale zakres wzrostu był większy w porównaniu z normalnymi osobami świadomymi. W płynie mózgowo-rdzeniowym osób prawidłowo świadomych wykazano zmniejszenie intensywności cytochromu F420 w porównaniu z płodem mózgowo-rdzeniowym chorych na schizofrenię i autyzm. W płynie mózgowo-rdzeniowym u pacjentów w śpiączce nie stwierdzono żadnej aktywności. Dodatek antybiotyków do płynu mózgowo-rdzeniowego u osób zdrowych spowodował zmniejszenie aktywności cytochromu F420, natomiast dodatek ceru zwiększył jego aktywność. Dodatek antybiotyków do płynu mózgowo-rdzeniowego w schizofrenii i autyzmie spowodował spadek aktywności cytochromu F420, podczas gdy dodatek ceru zwiększył jego aktywność, ale zakres zmian był większy w surowicy pacjenta w porównaniu z osobami zdrowymi. Płyn mózgowo-rdzeniowy u pacjentów w stanie śpiączki nie wykazywał żadnej aktywności cytochromu F420 w ogóle w stanie prawidłowym, jak również po dodaniu antybiotyków i ceru. Wyniki są wyrażone jako procentowa zmiana parametrów po 1 godzinie inkubacji w porównaniu do wartości w czasie zerowym.

Tabela 1. Wpływ ceru i antybiotyków na cytochrom F420

Grupa	CYT F420 % (Zwiększyć za pomocą Ceru)		CYT F420 % (Zmniejszyć za pomocą Doxy+Cipro)	
	Mean	**± SD**	**Mean**	**± SD**
Normalny	4.48	0.15	18.24	0.66
Comatose	Zerowa aktywność		Zerowa aktywność	
Schizofrenia	23.24	2.01	58.72	7.08
Autyzm	21.68	1.90	57.93	9.64
Medytacja	31.48	1.29	42.28	9.23
Wartość F	306.749		130.054	
Wartość P	< 0.001		< 0.001	

Dyskusja

Chorzy przyjęci do szpitala z obustronnym zgryzem pnia tętnicy środkowej mózgu po powrocie do zdrowia po ostrym udarze mózgu mieli podwójną hemiplegię, spastyczność i rzekome porażenie pęcherzykowe. Przechodzą oni w uporczywy stan wegetatywny z utratą przytomności. Kończyny są utrzymywane w pozycji zgiętych kończyn górnych i wydłużonych kończyn dolnych. Ton jest bardziej w grupie mięśni antygrawitacji - zginaczy kończyny górnej i prostowników kończyny dolnej. Jest to klasyczny zespół spastyczności i piramidy. Grawitacja ma wpływ na napięcie mięśniowe. Spastyczność powstaje w wyniku zaangażowania dróg pozapiramidowych, siatkówki grzbietowej i siatkówki brzusznej. Siatkówka jest rozległą siecią prymitywną mózgu w pniu mózgu, wystającą na przedczołową korę mózgową, móżdżek i rdzeń kręgowy. Tworzy ona długie formacje pętli rozciągające się od ogonowej do głowowej części ośrodkowego układu nerwowego. Zahamowanie grzbietowej siatkówki kręgosłupa w zmianach piramidalnych powoduje hipertonię i hiperrefleksję, a zahamowanie środkowego odcinka siatkówki kręgosłupa wytwarza objaw Babińskiego. Móżdżek zajmuje się programowaniem motorycznym i pamięcią oraz czynnościami manipulacyjnymi, które nie osiągają świadomej funkcji. Móżdżek zajmuje się poznawaniem. Móżdżek odgrywa rolę w nieświadomych aktach motorycznych, postrzeganiu pozazmysłowym i kwantowym. Kora przedczołowa zajmuje się pamięcią wykonawczą, logiką, rozumowaniem i osądem. Tak więc formacja siatkówki tworzy most pomiędzy świadomymi i nieświadomymi częściami mózgu. Formacja siateczkowa jest prymitywną siecią neuronową. Dentrity i aksony tworzące mosty sieci neuronowej można porównać do bakteryjnej flagelli opartej na symbiotycznej teorii Margulisa o ewolucji komórek. [7] [Margulis] postulował, że bakterie takie jak spirochety przyczyniają się do powstania cytoszkieletu i aksodendritycznego drzewa mózgu. Badania z tego laboratorium wykazały aktywność cytochromu F420 w płynie mózgowo-rdzeniowym i krwi. Tworzenie siateczki mózgu można porównać do prymitywnej sieci kolonii bakterii archeologicznych zamieszkujących OUN od jednego końca do drugiego. Archaeae będące ekstremofilami wyewoluowałyby w przestrzeni kosmicznej w sytuacjach hipergrawitacji i dotarły na Ziemię przez uderzenia meteoryczne produkujące ziarno życia na Ziemi. Formacja siateczkowa i jej połączenia stanowią podstawę działania grawitacyjnego w mózgu.

Bakterie mogą rosnąć w nadpobudliwości, tak jak w przypadku archaicznych archaicznych archaidiecezji ekstremofilnych. [2,3] Grawitacja może zatem brać udział w panspermiach bakteryjnych i egzobiologii, czego najlepszym przykładem są archaiki aktynowców. [3] Badania nad wpływem niskiej grawitacji w przestrzeni kosmicznej wykazują drastyczne skutki w ludzkim mózgu. Komórki nerwowe potrzebują grawitacji, aby rosnąć i funkcjonować prawidłowo. Brak grawitacji wpływa na migrację neuronów i produkuje mikrocefalię. Drzewo dendrytyczne w przypadku braku grawitacji wygląda tak, jakby zostało pozbawione wszystkich gałęzi. Grawitacja tworzy strukturę mózgu. Grawitacja może modulować syndrom piramidalny i pozapiramidowy. Sztywność jest bardziej w mięśniach działających na grawitację. Grawitacja może modulować hipotonię móżdżku. Grawitacja może również wpływać na świadome postrzeganie. Zespół G-LOC jest opisywany u pilotów myśliwskich narażonych na działanie komór pola grawitacyjnego. Posiadają oni cechy doświadczenia bliskiego śmierci z boskimi wizjami, spotkania z martwymi krewnymi, widzenie świateł halucynacyjnych i efekt tunelowania. Zmiany korowe i móżdżkowe wywołują różne objawy kliniczne. Zmiany korowe prowadzą do powstania spastyczności i efektu antygrawitacyjnego. Kora mózgowa jest podstawą świadomego postrzegania. Gdy kora mózgowa jest uszkodzona efekty antygrawitacyjne zostają przejęte. Opisana została siła antygrawitacyjna przeciwna do grawitacji we wszechświecie. Zmiany w korze mózgowej prowadzą do hipotonii, ataksji i efektu lewitacyjnego, który można uznać za antygrawitację. Grawitacja tworzy strukturę mózgu i może być uważana za pole myślowe, które stanowi podstawę świadomości i tworzenia materii. Fale grawitacyjne łączą umysł i materię i tworzą jej podłoże.

Świadomość zależy od trzech parametrów - pamięci operacyjnej, synchronizacji percepcyjnej i koncentracji uwagi. Teoria ta została wysunięta przez Cricka, który zlokalizował świadomość w siatkówkowo-wzgórzano-ortalaktycznej drodze. Grawitacja stanowiłaby podstawę świadomości. Synchronizacja percepcyjna i skupiona uwaga zależałyby od przyciągania grawitacyjnego, które są idealnymi siłami do tworzenia tych dwóch zjawisk. To również stworzyłoby formę pamięci roboczej w przepływie impulsów nerwowych w układzie pogłosowym siatkówka- talamo-okorno-oczne- siatkówka. Mózg funkcjonuje jako komputer kwantowy i wyczuwamy wielościowe możliwości kwantowe na świecie. Dipolarny archetyp magnetytu w ustawieniach endogennego digoksyny indukowanego błony sodowej ATPazy potasowej ATPazy może stworzyć system pompowanych fononowych pośredniczących w postrzeganiu kwantowym. Gdy jedna z możliwości osiągnie jedno kryterium grawitonowe, osiąga ona świadome postrzeganie. Grawitacja może więc być uważana za pole myślowe lub pole świadomości przenikające przez cały wszechświat. Fale grawitacyjne mogą tworzyć fale ciśnienia, które mogą tworzyć dźwięki grawitacyjne. Te dźwięki myślowe mogą podlegać soni-luminescencji tworząc fotony i promieniowania elektromagnetycznego podstawy świata materii. Soni-luminescencja może tworzyć materię z dźwięków grawitacyjnych. W ten sposób pole myślowe może tworzyć materię. Umysł i materia mogą być zjednoczone.

Grawitacja jest siłą wektorową, która ma wielkość i kierunek w każdym punkcie przestrzeni. Obciążenie grawitacyjne jest skierowane w kierunku środka Ziemi. Teoria grawitacji mówi, że każdy obiekt we wszechświecie przyciąga każdy inny obiekt z siłą proporcjonalną do jego masy. Siła grawitacyjna istnieje w całym wszechświecie i jest tworzona przez fale grawitacyjne. Fale grawitacyjne składają się z możliwych cząstek zwanych grawitonami i poruszają się z prędkością światła. Grawitacja odgrywa istotną rolę w tworzeniu wszechświata opisanego przez Stephena Hawkinga. [4] Hawking postulował, "e jeśli całkowita energia wszechświata musi zawsze pozostawać zerowa i stworzenie ciała kosztuje energię, to cały wszechświat nie mo"e być stworzony z niczego. Dlatego powinno istnieć takie prawo jak grawitacja. Poniewa"e grawitacja jest atrakcyjną energią grawitacyjną, jest ona negatywna. Trzeba wykonać pracę, aby oddzielić systemy związane grawitacyjnie, takie jak Ziemia i Księżyc. Ta negatywna energia może zrównoważyć pozytywną energię potrzebną do tworzenia materii. Na skali całego wszechświata pozytywna energia materii może być zrównoważona przez negatywną energię grawitacyjną i w ten sposób nie ma żadnych ograniczeń w tworzeniu całego wszechświata. Grawitacja jest opisana przez Hawkinga jako krzywizna w czasoprzestrzeni. Le Sage w swojej teorii grawitacji opisuje ją jako fale grawitacyjne formowane z ciałek ultima mundae, które uderzają w materię i penetrują ją. [6] Materia osłania się wzajemnie przed grawitacją wytwarzając siłę przyciągania. Fale grawitacyjne i cząstki przenikają przez całą materię i oddziałują z cząstkami subatomowymi. Kwantowe fale grawitacyjne to prawdopodobnie subkwantowy potencjał Bohma, z którego wszystkie cząstki, takie jak elektron, neutrony, pozytony, wychodzą i odchodzą jako pertuberacje. Masa cząstki zależy od jej oddziaływania z polem Higgsa i wymiany z nim bozonów. Grawitony są formą bozonów o odwrotnym spinie. Można je uznać za rozciągające się na cały wszechświat i mają mniejszą masę. Grawitacja i światło poruszają się z tą samą prędkością co myśl. Grawitacja może stanowić podstawę ludzkiej myśli. Ludzkie pola myślowe według Bohma leżą u podstaw subkwantalnego potencjału, z którego emanują wszystkie cząstki. [8]

Fale grawitacyjne lub pola myśli są zorganizowane w mózgu przez siatkówkę tworzącą aktynoidalną sieć archeologiczną. Fale grawitacyjne mogą więc funkcjonować jako pole myślowe lub pole subkwantalne, na którym cząstki takie jak neutrony, elektrony, bozony, kwarki, fermiony mogą wskakiwać i wyskakiwać z fal do cząstek. Myślowe pole grawitacyjne funkcjonuje jako uniwersalny obserwator i doprowadza do powstania świata cząstek stałych. Fale grawitacyjne mogą tworzyć fale ciśnieniowe, które mogą tworzyć dźwięki grawitacyjne. Te dźwięki myślowe mogą przechodzić soni-luminescencję tworząc fotony i promieniowanie elektromagnetyczne stanowiące podstawę świata materii. W ten sposób myślowe pole grawitacji i materii jest zjednoczone. Myśl leży u podstaw świata materii. 8

Referencje

1. Eckburg, P.B., Lepp, P.W. i Relman, D.A. Archaea i ich potencjalna rola w chorobie człowieka. *Zainfekować. Immun.*, 2003; 71: 591-596.
2. Adam, Z. Actinides i Life's Origins. *Astrobiologia*, 2007; 7(6).
3. Davies, P.C.W., Benner, S.A., Cleland, C.E., Lineweaver, C.H., McKay, C.P. i Wolfe-Simon, F. Signatures of a Shadow Biosphere. *Astrobiologia,* 2009; 241-249.
4. Hawking, S. i Mlodinow, L. *The Grand Design*, 2010, Nowy Jork: Bantam Books.
5. Crick F. *Zdumiewająca hipoteza: The Scientific Search for the Soul*, 1995, Nowy Jork: Scribner.
6. Le Sage, G-L. List do naukowca w Dijon... *Mercure de France*, 1756; 153-171.
7. Margulis, L. Archaeal-eubacterial mergers in the origin of Eukarya: phylogenetic classification of life. *Proc Natl Acad Sci USA,* 1996; 93: 1071-1076.
8. Bohm, D. *Wholeness and the Implicate Order*, 1980, Londyn: Routledge.

ROZDZIAŁ 14
MÓZG MEDYTACYJNY - FALE ANTYGRAWITACYJNE, WSZECHŚWIAT I STRUKTURA NIEŚWIADOMEGO UMYSŁU CZŁOWIEKA - DOWODY Z BADAŃ NAD SCHIZOFRENIĄ I AUTYZMEM

Wprowadzenie

Medytacja może modulować metabolizm organizmu i funkcje mózgu. Mechanizm ten polega na indukcji układu heme-tlenazy. Medytacja indukuje heme-tlenazę, która przekształca heme w tlenek węgla i bilirubinę. Bilirubina i bilirubina są zmiataczami wolnych rodników i mopem w górę wolnych rodników. Wolni radykałowie są wymagający dla funkcji NMDA zależnej talamo-ortico-thalamic sprzężenia zwrotnego obwodu pogłosowego kluczowego w świadomości. Obwód ten pośredniczy w pracy pamięci i skupieniu uwagi. Wolne rodniki również aktywować NMDA i przez jego zdolność do swobodnego dyfuzji przez systemy mózgowe mogą indukować aktywność NMDA, zsynchronizowane rozsadzanie neuronów w różnych częściach obszarów sensorycznych produkujących synchronizację percepcyjną. To pośredniczy w świadomości. W ten sposób wydalanie wolnych rodników przez heme-tlenazę prowadzi do tłumienia świadomości i medytacyjnych transów. Indukcja heme-tlenazy hamuje syntezę ALA. W ten sposób hem jest uszczuplony z systemu. Zwiększa się synteza porfiryn, co prowadzi do porfirynurii i porfirii. Bodziec do syntezy porfiryn pochodzi z niedoboru hemu. Porfiryny mogą organizować się w samoreplikujące się struktury nadcząsteczkowe zwane porfirynami, które są indukowane przez praktyki medytacyjne. Porfiryny mogą organizować się w struktury makrocząsteczkowe, które mogą się samoczynnie replikować, tworząc organizm porfirynowy. Indukowane fotonem przenoszenie elektronów wzdłuż makromolekuły może prowadzić do wywołanej światłem syntezy ATP. Porfiryny mogą tworzyć szablon, na którym RNA i DNA mogą tworzyć wiroidy generujące. Porfiryny mogą również tworzyć szablon, na którym mogą tworzyć się priony. Wszystkie one mogą się połączyć - wiroidy RNA, wiroidy DNA i priony - tworząc prymitywne archaiki. W ten sposób archaiki są zdolne do samoreplikacji na szablonach porfiryn. Samo-replikujące się archaiki mogą wyczuć grawitację, która daje początek świadomości. Potrafią również wyczuć pola antygrawitacyjne, które dają początek nieświadomemu mózgowi. W ten sposób mogą istnieć zarówno samo-replikujące się archaiki jak i antyarchaiki, które regulują mózg świadomy i nieświadomy. Tak więc stres klimatyczny pośredniczy zwiększona synteza porfiryn prowadzi

do zaniku kory przedczołowej, dominacji móżdżku, zaburzeń poznawczych afektywnych móżdżku, kwantowej percepcji i neandertalizacji populacji. Porfiryny są samoreplikującymi się organizmami nadcząsteczkowymi, które tworzą szablon prekursora, na którym powstają wiroidy, priony i nanoarchaea. Medytacyjny szablon wywołany stresem ukierunkowany na abiogenezę porfirów, prionów, wiroidów i archaicznych jest procesem ciągłym i może przyczyniać się do zmian w strukturze i zachowaniu mózgu, jak również w procesie chorobowym.

Móżdżek to miejsce nieprzytomnego mózgu. Cerebellum zajmuje się aktami automatycznymi. Zachowanie robotyczne widziane w autyzmie jest zlokalizowane w móżdżku. Móżdżek dotyczy postrzegania pozazmysłowego, akty magiczne, zjawisko poltergeist i duchowe akty. Móżdżek może być opisany jako część zbiorowej nieświadomości. Zmiany w móżdżku przejawiają się również w zjawisku motorycznym. Zmiany w móżdżku objawiają się osiową i wyrostkową ataksją. Daje to poczucie antygrawitacji. Cerebellum jest zaniepokojony tonem mięśni antygrawitacyjnych. Pola i fale antygrawitacyjne są wyczuwalne przez móżdżek. Zmiany w móżdżku objawiają się dysfunkcją poznawczą określaną jako zaburzenie poznawcze afektywne móżdżku. Dysfunkcja móżdżku jest opisana w autyzmie i schizofrenii. Badania na normalnych osób świadomych i zaburzenia świadomości jak schizofrenia i autyzm wykazują zmiany w płynu mózgowo-rdzeniowego aktywności archeologiczne mierzone cytochromem F420 test. Schizofrenia i autyzm wykazują zwiększoną aktywność cytochromu F420 płynu mózgowo-rdzeniowego, a normalni świadomi pacjenci wykazują normalną aktywność. Wskazywało to na aktynowy wzrost w ośrodkowym układzie nerwowym. Archaiki aktynowców mogą modulować świadomą percepcję. Archaiki aktynowców są ekstremofilami i mogą rosnąć w ekstremalnych warunkach temperatury, przestrzeni i sytuacji antygrawitacji. [1-3] Doprowadziło to do prawdopodobieństwa, że fale antygrawitacyjne wyczuwające archaiki aktynowców pośredniczą w funkcjach nieświadomego mózgu.

Materiały i metody

Na badanie uzyskano zgodę komisji etycznej ośrodka oraz indywidualną zgodę. Grupy objęte badaniem to osoby normalne, przechodzące praktyki medytacyjne, normalne osoby świadome (przechodzące zabiegi chirurgiczne na kręgosłupie), chorzy na uporczywe wegetatywne zawały bi-hemisfery oraz zaburzenia świadomości, takie jak schizofrenia i autyzm. W każdej grupie było 10 osób. Do badań użyto płynu mózgowo-rdzeniowego, a protokół doświadczalny był następujący: (I) płyn mózgowo-rdzeniowy + sól fizjologiczna buforowana fosforanem, (II) taka sama jak substrat I+cholesterolowy, (III) taka sama jak II+cerium 0,1 mg/ml, oraz (IV) taka sama jak II+profloksacyna i doksycyklina, każda w stężeniu 1 mg/ml. Podłoże cholesterolowe zostało przygotowane w sposób opisany przez Richmond. Pozostałości wycofywano w czasie zerowym bezpośrednio po zmieszaniu i po inkubacji w temperaturze 37 ^{oC} przez 1 godzinę. Cyktochrom F420 oceniano mącznikowo (długość fali wzbudzenia 420 nm i długość fali emisji 520 nm).

Wyniki

W płynie mózgowo-rdzeniowym u osób zdrowych stwierdzono zwiększony poziom cytochromu F420 po inkubacji przez 1 godzinę, a dodanie substratu cholesterolowego spowodowało dalszy znaczący wzrost tych parametrów. W płynie mózgowo-rdzeniowym osób chorych na schizofrenię i autyzm uzyskano podobne wyniki, ale zakres wzrostu był większy w porównaniu z normalnymi osobami świadomymi. W płynie mózgowo-rdzeniowym osób prawidłowo świadomych wykazano zmniejszenie intensywności cytochromu F420 w porównaniu z płodem mózgowo-rdzeniowym chorych na schizofrenię i autyzm. Dodanie antybiotyków do płodu mózgowo-rdzeniowego osoby normalnej spowodowało spadek aktywności cytochromu F420, podczas gdy dodanie ceru zwiększyło jego aktywność. Dodatek antybiotyków do płynu mózgowo-rdzeniowego w przypadku schizofrenii i autyzmu spowodował spadek aktywności cytochromu F420, podczas gdy dodatek ceru zwiększył jego aktywność, ale zakres zmian był większy w surowicy pacjenta w porównaniu z osobami zdrowymi. Wyniki są wyrażone jako procentowa zmiana parametrów po 1 godzinie inkubacji w porównaniu do wartości w czasie zerowym.

Tabela 1. Wpływ ceru i antybiotyków na cytochrom F420

Grupa	**CYT F420 %** (Zwiększyć za pomocą Ceru)		**CYT F420 %** (Zmniejszyć za pomocą Doxy+Cipro)	
	Mean	**± SD**	**Mean**	**± SD**
Normalny	4.48	0.15	18.24	0.66
Schizofrenia	23.24	2.01	58.72	7.08
Autyzm	21.68	1.90	57.93	9.64
Medytacja	24.33	1.89	53.55	8.99
Wartość F	306.749		130.054	
Wartość P	< 0.001		< 0.001	

Dyskusja

Ciemna materia i ciemna energia to odpychająca siła antygrawitacyjna, która przenika cały wszechświat przeciwstawiając się grawitacji. Jest ona odpowiedzialna za brakującą masę wszechświata i stanowi 70 procent masy wszechświata. Jest ona odpowiedzialna za rozszerzanie się wszechświata. Antygrawitacja istnieje jako możliwa fala antygrawitacyjna. Stanowią one część próżni kwantowej, w której materia i cząsteczki antymaterii oraz grawitacja i cząsteczki antygrawitacji spotykają się i anihilują. To powoduje powstanie zjawiska zerowej energii punktowej lub energii próżniowej, która napędza tworzenie się wszechświata.

Tak jak grawitacja tworzy antygrawitację świadomego umysłu, tak samo antygrawitacja tworzy nieświadomy umysł przenikający cały wszechświat. Wszystkie formy wszechświata są podtrzymywane przez ciemną energię, którą można nazwać praną, chi i ki. Ciemna energia przenika zarówno do obiektów żywych jak i nieożywionych. Kiedy ciemna energia ustąpi z organu, traci swoją funkcję. Ciemna energia jest przyczyną funkcji ciała i umysłu. W chwili śmierci ciemna energia opuszcza ciało i miesza się z energią wszechświata. Nasz wzrost jako ciała ludzkiego jest przeciwny grawitacji i jest zjawiskiem antygrawitacji. Lewitacja jest również zjawiskiem antygrawitacji. Antygrawitacja lub ciemna energia lub ciemna materia istnieje jako fale antygrawitacyjne. To tworzy nieświadomy umysł.

Móżdżek zajmuje się programowaniem silnikowym i pamięcią oraz robotami, które nie osiągają świadomej funkcji. Móżdżek zajmuje się poznawaniem. Móżdżek odgrywa rolę w nieświadomych aktach ruchowych, postrzeganiu pozazmysłowym i kwantowym. Kora przedczołowa zajmuje się pamięcią wykonawczą, logiką, rozumowaniem i osądem. Tak więc formacja siatkówki tworzy most pomiędzy świadomymi i nieświadomymi częściami mózgu. Formacja siateczkowa jest prymitywną siecią neuronową. Dentrity i aksony tworzące mosty sieci neuronowej można porównać do bakteryjnej flagelli opartej na symbiotycznej teorii Margulisa o ewolucji komórek. [7 Margulis] postulował, że bakterie takie jak spirochety przyczyniają się do powstania cytoszkieletu i aksodendrytycznego drzewa mózgu. Badania z tego laboratorium wykazały aktywność cytochromu F420 w płynie mózgowo-rdzeniowym i krwi. Tworzenie siateczki mózgu można porównać do prymitywnej sieci kolonii bakterii archeologicznych zamieszkujących OUN od jednego końca do drugiego. Archaeae będące ekstremofilami wyewoluowałyby w przestrzeni kosmicznej w sytuacjach hipergrawitacji i dotarły na Ziemię przez uderzenia meteoryczne produkujące ziarno życia na Ziemi. Formacja siateczkowa i jej połączenia stanowią podstawę działania grawitacyjnego w mózgu.

Bakterie mogą rosnąć w warunkach hipergrawitacji i antygrawitacji, jak w przypadku archaicznych archaicznych archaicznych. [2,3] Grawitacja może zatem brać udział w panspermiach bakteryjnych i egzobiologii, czego najlepszym przykładem są archaiki aktynowców. [3] Badania nad wpływem niskiej grawitacji w przestrzeni kosmicznej wykazują drastyczne skutki w ludzkim mózgu. Komórki nerwowe potrzebują grawitacji, aby rosnąć i funkcjonować prawidłowo. Brak grawitacji wpływa na migrację neuronów i produkuje mikrocefalię. Drzewo dendrytyczne w przypadku braku grawitacji wygląda tak, jakby zostało pozbawione wszystkich gałęzi. Grawitacja tworzy strukturę mózgu. Grawitacja może modulować syndrom piramidalny i pozapiramidowy. Sztywność jest bardziej w mięśniach działających na grawitację. Grawitacja może modulować hipotonię móżdżku. Grawitacja może również wpływać na świadome postrzeganie. Zespół G-LOC jest opisywany u pilotów myśliwskich narażonych na działanie komór pola grawitacyjnego. Posiadają oni cechy doświadczenia bliskiego śmierci z boskimi wizjami, spotkania z martwymi krewnymi, widzenie świateł halucynacyjnych i efekt tunelowania.

Zmiany korowe i móżdżkowe wywołują różne objawy kliniczne. Zmiany korowe prowadzą do spastyczności i działania antygrawitacyjnego. Kora mózgowa jest podstawą świadomego postrzegania. Gdy kora mózgowa jest uszkodzona efekty antygrawitacyjne przejmują władzę. Opisana została siła antygrawitacyjna przeciwna do grawitacji we wszechświecie. Zmiany w korze mózgowej prowadzą do hipotonii, ataksji i efektu lewitacyjnego, który można uznać za antygrawitację. Grawitacja tworzy strukturę mózgu i może być uważana za pole myślowe, które stanowi podstawę świadomości i tworzenia materii. Fale grawitacyjne łączą umysł i materię i tworzą jej podłoże. Grawitacja i światło podróżują z tą samą prędkością co myśl. Grawitacja może stanowić podstawę ludzkiej myśli. Ludzkie pola myśli według Bohma leżą u podstaw subkwantalnego potencjału, z którego emanują wszystkie cząstki. [8] Pola myślowe obejmują fale grawitacyjne, które tworzą świadomość i fale antygrawitacyjne, które tworzą nieświadomy mózg.

Nieprzytomny umysł jest zlokalizowany w móżdżku i pniu mózgu. Móżdżek ma funkcję poznawczą i zaburzenia móżdżku przedstawia jako zaburzenie poznawcze afektywne móżdżku. Zaburzenie motoryki móżdżku przedstawia się jako ataksja i ma składnik antygrawitacyjny. Móżdżek moduluje ton mięśni antygrawitacyjnych. Móżdżek jest odpowiedzialny za wyuczone programy ruchowe, działania robotów, działania magiczne, hipnotyzm, postrzeganie paranormalne, pozazmysłowe i jest zaangażowany w autyzm i schizofrenię. Móżdżek jest miejscem dla antygrawitacji lub lokalizacji ciemnej energii w mózgu. Jest to miejsce nieświadomego umysłu lub zbiorowej nieświadomości. Jest to w porównaniu z korą mózgową, która jest miejscem świadomej percepcji i lokalizacji sił grawitacyjnych. Anatomiczne, fizjologiczne i funkcjonalne badania neuroobrazowania sugerują, że móżdżek uczestniczy w organizacji funkcji wyższego rzędu. Zmiany behawioralne występowały u pacjentów z uszkodzeniami obejmującymi płat tylny móżdżku i naskórka. Zmiany te charakteryzowały się upośledzeniem funkcji wykonawczych, pamięci operacyjnej, poznawania przestrzennego, zachowań afektywnych oraz deficytem językowym. Nazywa się to zaburzeniami poznawczymi afektywnymi móżdżku i charakteryzuje się zmianami w funkcji nieświadomego mózgu. [8]

Archaiki aktynowców są ekstremofilami i mogą rosnąć w ekstremalnych warunkach temperatury, przestrzeni i hipergrawitacji oraz w warunkach antygrawitacji. [1] Aktynowce odgrywają pewną rolę w abiogenezie. [2] Doprowadziło to do wiarygodności antygrawitacji i hipergrawitacji wyczuwając archaiki aktynowców pośredniczące w świadomości i nieświadomości mózgu. Aktynowe archaiki w móżdżku mogą wyczuwać ciemną energię i ciemną materię tak samo jak postrzega grawitację. Doprowadziło to do możliwości egzobiologicznych aktynowych archaikach, które są bladoziarniste w pochodzeniu, przyczyniając się do ewolucji życia na Ziemi, w tym homo sapien mózgu. 3

Fale grawitacyjne i antygrawitacyjne lub pola myśli są zorganizowane w mózgu przez siatkówkę tworzącą aktynoidalną sieć archeologiczną. Fale antygrawitacyjne mogą być postrzegane jako zbiorowa nieświadomość. Fale grawitacyjne mogą więc funkcjonować jako pole myślowe lub pole subkwantalne, na którym cząstki takie jak neutrony, elektrony, bozony, kwarki, fermiony mogą wskakiwać i wyskakiwać z fal do cząstek. Myślowe pole grawitacyjne funkcjonuje jako uniwersalny obserwator i doprowadza do powstania świata cząstek stałych. Fale grawitacyjne mogą tworzyć fale ciśnieniowe, które mogą tworzyć dźwięki grawitacyjne. Te dźwięki myślowe mogą przechodzić soni-luminescencję tworząc fotony i promieniowanie elektromagnetyczne stanowiące podstawę świata materii. W ten sposób myślowe pole grawitacji i materii jest zjednoczone. Myśl świadoma i nieświadoma leży u podstaw świata materii. [9]

Referencje

1. Eckburg, P.B., Lepp, P.W. i Relman, D.A. Archaea i ich potencjalna rola w chorobie człowieka. *Zainfekować. Immun.*, 2003; 71: 591-596.
2. Adam, Z. Actinides i Life's Origins. *Astrobiologia*, 2007; 7(6).
3. Davies, P.C.W., Benner, S.A., Cleland, C.E., Lineweaver, C.H., McKay, C.P. i Wolfe-Simon, F. Signatures of a Shadow Biosphere. *Astrobiologia,* 2009; 241-249.
4. Hawking, S. i Mlodinow, L. *The Grand Design*, 2010, Nowy Jork: Bantam Books.
5. Crick F. *Zdumiewająca hipoteza: The Scientific Search for the Soul*, 1995, Nowy Jork: Scribner.
6. Le Sage, G-L. List do naukowca w Dijon... *Mercure de France*, 1756; 153-171.
7. Margulis, L. Archaeal-eubacterial mergers in the origin of Eukarya: phylogenetic classification of life. *Proc Natl Acad Sci USA,* 1996; 93: 1071-1076.
8. Schmahmann, J.D. i Sherman, J.C. Mózgowy zespół uczuciowo-poznawczy. *Mózg*. 1998, 121: 561-579.
9. Bohm, D. *Wholeness and the Implicate Order*, 1980, Londyn: Routledge.

Printed by Books on Demand GmbH, Norderstedt / Germany